给女人的100个忠告

刘碧玲◎编著

天津科学技术出版社

图书在版编目(CIP)数据

给女人的100个忠告/刘碧玲编著.—天津:天津科学技术出版社,2010.1

ISBN 978-7-5308-5215-6

Ⅰ.给…　Ⅱ.刘…　Ⅲ.女性-人生哲学-通俗读物
Ⅳ.B821-49

中国版本图书馆CIP数据核字(2009)第119046号

责任编辑:刘丽燕
责任印制:白彦生

天津科学技术出版社出版
出版人:蔡　颢
天津市西康路35号　邮编300051
电话(022)233322398
网址:www.tjkjcbs.com.cn
新华书店经销
北京中印联印务有限公司印刷

开本710×1000　1/16　印张19.5　字数216 000
2014年6月第1版第2次印刷
定价:33.00元

护理事业开拓者　南丁格尔

在人生的征途上，需要携带的东西很多，但有一样东西千万别遗忘，那就是梦想。有梦想的女人才能走得更远。

一个人的生命，只有有助于他人，才能称得上是喜悦与快乐的。一个女人只有深知“给予”的道理，她才能有所获取，她的生命才能散发长久的馨香。

一个优秀的女人，如同一湖春水，能洗去男人身上的尘埃，还能给男人创造一个神秘清幽的境界、一种舒心轻松的气氛。

摩纳哥王后

给自己一个真实的面孔，不要违心地去欺骗、去包装自己的感情，洒洒脱脱、敢爱敢恨，让喜怒哀乐溢于言表。

要知道，你就是自己的主人，你就是自己的太阳。

好莱坞性感女郎 玛丽莲·梦露

女人味就是女人的铠甲，它使芳华已逝的女人将自己的美丽延续下去，又使充满斗志的女人时时洋溢着蜜意柔情。

有人说婚姻是坟墓，有人说婚姻是一种赌注。其实，结婚也许会让你后悔一时，但不结婚会让你后悔一辈子。因为，世界本来就是两个人的结晶。人生最大的幸福莫过于好好地爱一个自己所爱的人，好好地干一番自己爱干的事业。

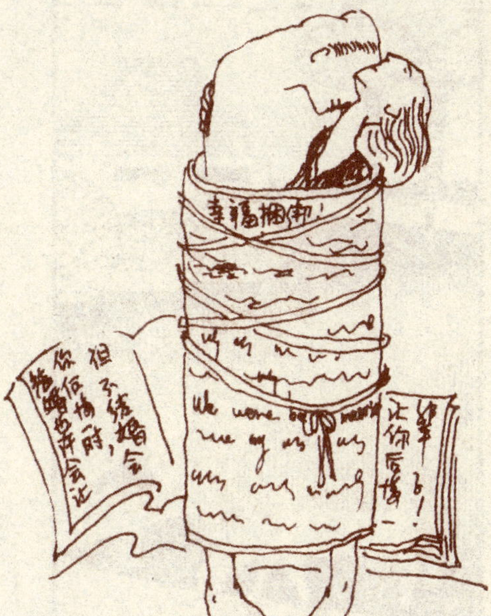

穿过凄风冷雨的飘摇，经历漫漫黑夜的跋涉，一个女人还能信心百倍地向地平线进发，那她一定能看到生命的曙光，锁定人生的胜局。

奥地利皇后 希茜公主

重回童年居住的地方，不论是远是近，是衣锦还乡、荣归故里，还是走投无路、寻求庇护，故乡始终会宽厚而温存地迎接你。女人在某一个时刻踏上归程，让故乡的云在你的身边环绕，那熟悉的一切会安定你浮躁的心。

前言

聪明的女人会做人

有一位多愁善感的女人卧病在床，一天，她打开家里西面的窗户，看见一行送葬的队伍，禁不住百感交集，泪流满面。

在家照顾她的母亲看见后，赶紧把她叫到东面的窗户前，推开窗户让她张望，看见的却是一户人家正在举办婚礼，一番喜庆的气氛慢慢感染了她，她禁不住露出了笑容。

于是，母亲语重心长地对她说："女儿啊，人生有悲剧也有喜剧，有失败也有成功，有痛苦也有欢乐，你不能只推开一扇窗户，只看到一面的风景啊！"

是啊，女人的一生就是在这悲喜交加中度过的，女人寻找幸福的一生就是学会做人的过程。以爱和宽容对待世界，世界回报以鲜花；以恨和消极对待世界，世界回报以荆棘。所以，一个女人怎样去做人，就决定了她一生的幸福与快乐。

在女人的一生中，只有懂得艺术地做人，才能从容穿越生活的风雨，迎来七色的彩虹；才能在世态炎凉的冰河中，荡起温暖的双桨，赢得热烈的拥抱；才能拥有和睦温馨的家，在爱的蜜汁中享受人生的快乐；才能最终避开人生的陷阱，稳健步入生活的繁华。

本书从宽容、善良、坚忍、快乐、温柔、懂爱、人情世故等几个方面，精辟地阐述女人的做人艺术。教给女人怎样面对各种烦恼、困惑，怎样展示自己的无限魅力，怎样获得爱和幸福快乐，怎样少走弯路，少碰壁，最终潇洒从容地度过充实幸福的一生。

成功、幸福与快乐是每一个女人的追求，本书中的做人艺术让女人的梦想成为现实。

Contents

目 录

第一章

握紧命运绳索，女人一生必做的 23 件事

软弱的女人总是将个人的重心交付于世俗的认同，往往在生命的岔路口徘徊；而坚强的女人却用柔弱的肩膀，勇敢担起自己生命的责任，向着自己想要的生活去努力，最终抵达幸福和快乐的彼岸。

女人担起生命的责任，就会微笑着迎接每一个黎明，在磨难中超越自己，勇敢地追逐潜藏在心中的梦想，这样，女人的生命就会因此而充满活力。

第二章

世态原该有炎凉，宽容忍让为女人解开千千结

女人一生风风雨雨，烦恼、困惑在所难免。一个女人要想在一生中走得潇洒、从容，就必须掌握宽容的艺术。宽容是一种修养，是经千百次忍耐而完成的一种修炼。在宽容中，女人才能真正获得解脱，得到幸福。

第三章

女人选择善行，其实是选择一种人生态度

女人最富于同情和爱心，也最愿意与人为善，帮助他人。这是女人最美的一种品德，它让女人浑身充满圣洁的光辉，并赢得世人的敬重。

第四章

生活赐予女人苦难，女人却要用坚忍将尊严擎起

生活的一帆风顺是美丽的童话，而接受风雨的洗礼则是生活的真实。女人在逆境中改写自己的命运，就像一朵朵风中怒放的玫瑰，向世人诠释坚忍的内涵。

第五章

快乐的女人因为有快乐的心，笑容是女人征服世界的资本

你不能改变世事，但你可以改变心态；你不能选择容貌，但你可以展现笑容。真正懂得生活的女人是快乐的天使。当她们展露笑容的时候，花儿醉了，风儿醉了，再冷酷的坚冰也会融化。

第六章

女人是温柔的使者，“女人味”是无往不利的武器

柔情似水，风情万种，温柔是女人生命本体的一种自然散发。它既是女人内在美的展示，又是女人无往不利的武器。温柔可人的女人，最能征服男人的心，赢得男人的青睐。

第七章

懂爱的女人，能给家庭带来福运

岁月的风尘可以剥蚀一个女人的容颜，但无法磨平她心中刻骨铭心的爱，这种爱是一盏明亮的灯，能照亮男人前行的路。当一个女人真正用爱经营温馨的家时，天使便从天堂下来，坐在那个家里，唱起了欢乐之歌。

第八章

深谙人情世故，方能机智做人

学会做人，是女人生活的艺术，也是求得安宁、获取成功的途径。一个深谙人情世故、懂得做人艺术的女人，才不会为世俗所累，才能少走弯路，少碰壁，潇洒从容地走过一生。

第一章

握紧命运绳索，女人一生必做的23件事

软弱的女人总是将个人的重心交付于世俗的认同，往往在生命的岔路口徘徊；而坚强的女人却用柔弱的肩膀，勇敢担起自己生命的责任，向着自己想要的生活去努力，最终抵达幸福和快乐的彼岸。

女人担起生命的责任，就会微笑着迎接每一个黎明，在磨难中超越自己，勇敢地追逐潜藏在心中的梦想，这样，女人的生命就会因此而充满活力。

1. 为人生做一次梦

在女人一生的征途中，有太多的心愿要实现，有太多的责任要承担。虽然女人一生要追逐的东西很多，但有一样东西千万别遗忘，那就是为人生做一次梦，追逐一次自己的梦想，女人的生命会因此而更加充实，更加充满活力。

曾经，每个女人都有过儿时的梦想，都有过理想中要追逐的天空。然而，生活的竞争与残酷使有的女人丢弃了梦想，在忙碌的生活中迷失了自己。没有梦想的人生是乏味的，所以无论成功或是失败，女人都应该去追逐一次人生的梦想。这个追逐梦想的过程，会让女人一生没有遗憾，更会为女人带来丰富的生活，也能让女人在追梦的征程上走得更远。

在中南海开设超市，这是让人觉得不可能实现的事。但是，成都的曹世如却做到了，中南海紫光阁附近就有了她的“红旗旗舰店”。

中南海，这是令多少人向往的地方啊！曹世如也如此，从小就爱唱：我爱北京天安门。但生长在四川盆地又不从政的她，怎样实现这个梦呢？

为了这个梦，她苦苦追寻。一次在飞机上，她脑海中突然闪过一个念头：把超市开到中南海。她想，中南海虽然是个严肃的

地方，但在中南海里生活的人也需要购买物品啊！想到这里，她越发觉得自己的想法可行。

当她回到成都，准备各种需要审批的资料，报请有关部门批准时，“做梦吧？”认识和不认识的人都这样嘲笑她。更有甚者，还有人说要等着看她的笑话。但是，面对这一切，她并没放弃。她说：“不尝试就不会实现，失败，这不是我的性格。女人需要为自己的人生做一次梦。”

让所有人没想到的是，事情进展得很顺利，仅仅几个月的时间，中南海就有了曹世如的超市。

曹世如精选了8个售货员，进货渠道也通过严格的检查。如今，她的生意红红火火。

每个女人都在心中有一个梦，虽然工作的压力和生活的磨砺可能让女人的想象力逐渐褪色，生活也在日复一日中演绎成乏味的黑白片，但女人一定要敢于为自己的人生做一次梦。因为若不去追求，那么，这个梦想便永远都不可能实现。

幸福感言

儿童在美好的童话里展开了小天使的翅膀；少女在梦想中穿上了水晶鞋；淹没于柴米油盐中的女人依然可以在撒满花瓣的河上，找回青春的激情和梦想。

女人的梦就是女人潜藏在心底的希望。要相信，每个女人都有超越自己的潜能。在梦想中迈开追寻的脚步，才能让自己的人生绚丽多姿。为自己做一次梦，这是女人生命中要做的第1件事。

2. 将人生的标杆放在自己能看到的地方

女人明确了自己想要的生活，踏上了追逐梦想的征程，就是在追逐着自己的幸福。那么，怎样才能抓住幸福呢？

其实，女人与女人之间的根本差别并不是天赋和机遇的不同，而在于是否将人生的目标放在自己能看到的地方。成功不可能一步到位，必须要一步一步来。将人生的标杆放在自己能看到的地方，就是先实现一个个小目标，因为这是成功的跳板。

日本优秀的马拉松选手在介绍自己成功的经验时说道：在比赛时，不要一心想着遥远的终点，而应把注意力放在赛程中的一个转角、电线杆等其他短期目标上。而每越过一个短期目标，他就会为自己设定下一个“看得见”的目标。

刚开始时，他也是跟其他运动员一样把目标定在终点线处的那面旗帜上，结果没跑到十几公里时自己就已经疲惫不堪了，原来是被前方望不到边的路程给吓倒了。后来，每次比赛之前，他都会乘车把比赛的线路进行一次仔细勘查，并把沿途比较醒目的标志画下来：例如第一个标志是银行，第二个标志是一棵大树，第三个标志是一座红房子……照这样的方法一直画到赛区的终点为止。一旦比赛开始的枪声一响，他便以百米的速度奋力地向第一个目标冲去，等到达第一个目标后，再以同样的速度向第二个

目标冲去。他一个个到达这些小目标后，四十多公里的赛程就在不知不觉中轻松地跑完了。

俗话说：“一口吃不出一个胖子”、“冰冻三尺，非一日之寒”，女人要取得成功也是如此，必须把它分解成若干个小目标并分别实现。

而多数女人对于自己的未来，却怀着模糊的梦想，因为目标不明确或太遥远，常常半途而废；成功的女人则会像那位马拉松选手那样，善于把大目标分解为一个个小目标，先一一实现那些小目标，从而最终实现大目标。

女人青春的容貌短暂，韶光易逝，生活中更应学会更快和更轻松地实现一个目标。不妨把自己一生要达到的目标做一个整体规划：可先把工作、事业、生活等奋斗目标按青年、中年、老年等不同年龄段分解为几个 5 至 10 年的长期目标；之后再根据长期目标的实现条件，将其分解为若干个 2 至 3 年的中期目标；再把中期目标分解为若干 6 个月至 1 年的短期目标。最重要的是：从现在开始，先完成日目标，完成了一个个日目标，就完成了周目标；依此类推，完成了周目标也就完成了一个个月目标、年目标；短期目标和长期目标也都会在一个个日目标中完成。只要这样坚持做下去，再长再宏伟的人生目标也能实现。

幸福感言

不管什么目标，也不管多大，女人只要能将现在的行动与未来的愿望、梦想联系起来，使目标有现实的行动基础，就不会感觉生活得太累，幸福和快乐也将一步步变为现实。

将人生的标杆放在自己能看到的地方，这是女人一生要做的第 2 件事，当自己不再年轻时也可以自豪地无愧人生。

3. 20岁学会独走天涯

20岁，是女人一生发展的重要阶段，是自立意识形成和担起社会责任的阶段。20岁，要敢于离开父母温暖的怀抱，像小鹰一样展开翅膀到蓝天翱翔，去独自经历人生的风雨，在磨炼中成长。这是女人立足社会的根本，也是形成自身发展的基石。因为缺乏独立个性和自立能力的女人，无法担起生活的重担，更无法成功。而大多数事业成功的女人都是在20岁学会独走天涯，敢于背负理想上路的。

吕燕出生在江西农村，但她一直梦想着能在T台上有所作为，可按国内传统的审美标准看，她的条件并不出色。曾培养出许多著名模特儿的国内某家公司拒绝和她签约。在北京福特超级国际模特大赛时，她也只能以大赛工作人员的身份做些后勤工作。虽然她的梦想被撞得七零八落，但她仍在默默努力，苦苦寻找机会。终于机会来了，法国一模特公司有意培养她。绝不能错过这个机会，她想。为了心中的梦想，她只身来到法国。

当时她只有18岁，不会讲外语，吃不惯那儿的饭，既不认识路，也没一个熟人，更糟糕的是她到商店买东西看见各种包装两眼一抹黑，不知道买什么好，只好买自己认识的速食食品。思乡的折磨和无法沟通的环境让她孤独，但她没有退缩，与生俱来的自信和对未来的希望一直支撑着她。

到法国不久，她就开始了艰苦的训练，每天要练十多个小时，而且外国的教练非常严格，任何细小的地方都不放过，必须做到位，常常一天下来会累得半死。同时，吕燕每天还必须见很多公司和时装杂志的摄影师，这都是她的经纪人安排好的。生活虽然艰苦，遇到的挫折数也数不清，但她都以坚强的意志克服了。

就这样，吕燕一天一天拼搏过来了，她坚信只要艰苦努力，就会获得机会，得到回报。工夫不负有心人，没多久，她就接到了一个订单：在一个洗发水广告中当模特儿。这是她过去想都不敢想的事。

经过艰苦的奋斗，不懈的努力，吕燕尝到了成功的甘甜。2000年，吕燕在巴黎举行的世界超级模特大赛中获得了第二名的好成绩，这是当时中国模特在世界级模特大赛中拿到的最好成绩。

幸福感言

独走天涯，需要一种勇气和自信。人生最大的挑战就是挑战自己，只有在20岁懂得自立的女人，才会有勇气挑战未来长长的路，才敢于面对人生的风雨。

4. 25岁前找到喜爱的工作

25岁的女人，拥有青春的激情、蓬勃的朝气，像一轮初升的太阳；25岁，是女人走向社会，确立自己的事业目标，向理想高峰攀登的大好时光。在这个阶段，最重要的是找准自己的位置，找到自己喜爱的工作，这是女人关键的一步。

只有找到自己喜爱的工作，才能将全部激情和精力投入进去，体验到创造的快乐，这是女人要做的第4件事。

每个女人都有各自不同的竞争力，不同类型的女人适合不同的行业。有的在荧屏上展示风采，有的在舞台上舞出美丽，有的敢于拼搏商海，有的喜欢官场的气氛，有的精于传道授业解惑，有的听到军营的号角就激动……

“世上本没有垃圾，只有放错位置的财富。”尽管每个女人的个性、天赋、才能、所处的环境等都是不一样的，而女人要做的，不是抱怨自己不如别人的地方，而是认真分析自己的特点，找出适合自己做的事情。只有这样，才能最大限度地发挥自己的聪明才智，才能在自己的行业中取得成功。

要找到适合自己做的事情，女人首先一定要明白自己的特长，了解自己的核心竞争力，找准自己的定位。

世界著名记者法拉奇的名声，首先是与她那独具一格的“风云人物访问记”连在一起的。这位“政治采访之母”曾经采访过世界各国数十位政界首脑，其撰写的访问记总能跻入当代的著名人物传记行列。欧美国家首屈一指的“无冕之王”李普曼曾称赞她是“世界上最好的记者”；美国的《新闻周刊》称她是“国际超级明星”。她的成功很大程度上在于她找到了自己喜爱的工作。

1930 年 6 月 29 日，法拉奇出生于意大利一个清贫的木匠家庭，但这并未阻止她迈向理想的脚步。在她的心目中，新闻职业是她敬仰而又富有刺激的事业，是她最喜欢的工作。

作为一位早熟又早慧的少女，法拉奇从中学时代起就没停止过对社会问题的思考。她厌恶战争，渴望和平，向往社会公正，尤其羡慕曾到中国采访的记者维尔吉里奥，希望自己有朝一日也能远涉重洋到东方文明古国去采访。她觉得自己有责任为此做些力所能及的事情，而新闻事业刚好能够提供这样的机会让她去实现梦想。

读书期间，由于家境的贫寒，她选择了写新闻稿挣钱，一方面补贴学习和生活费用，一方面锻炼自己的文笔和思想，向着自己的爱好发展。广泛的阅读使她思考着社会问题产生的原因和如何解决。她的思想和才华在新闻稿中充分地表现出来，终于，佛罗伦萨《晨报》给了她崭露头角的机会。

当时，佛罗伦萨《晨报》最重视的是地方社会新闻的报道，其记者需经常去警察局、医院之类的地方寻访犯罪案的新闻线索。而在当时的意大利国内，新闻界中的女记者屈指可数，而且由于安全的原因女记者几乎没人采访报道过犯罪案。但法拉奇作为重视社会新闻报道的《晨报》记者，必须亲自去采访犯罪案。

一次，法拉奇被派到法庭去报道一件淫秽案。当年纪轻、个子矮小的她带着采访本进入法庭时，法官冲她大声喝道：“那个女孩，快出去！”她回答说：“我是新闻记者，法官先生！”“哪有你这样的新闻记者，出去！”法官固执己见地大喊。结果，法拉奇被人架了出去，但她从小就养成了不服输、绝不向残酷的命运低头的坚强性格，因此她想法守在门口，等案件审理结束后向别的记者打听，最终圆满地完成了采访任务。

1955年之后，好莱坞的电影在西欧风靡一时。《欧洲人周刊》就派法拉奇赴美国做“从锁孔里看好莱坞”的专题报道。她留美期间采访了许多好莱坞的电影明星，为杂志撰写了一系列脍炙人口的文章，并将这些文章集成自己的第一本书，书名为《好莱坞的7件罪孽》。法拉奇在这次美国之行中所取得的成功，开始令同行对她刮目相看，而周刊的主编则更是经常对她委以重任。

1964年，法拉奇成为当年意大利收入最高的记者之一，年收入近3万美元。法拉奇已经由当年的一个初出茅庐的贫穷女子成为当今的成功人士。她觉得新闻职业是最有意义的事，是自己最喜欢的工作，是她毕生追寻的方向。

幸福感官

生活中，许多25岁的女孩不知道自己要做什么，常做一些自己不喜欢的事。当女人发现自己已经走错方向时，要当机立断，及时掉头。因为，25岁不会再来，26岁时，应该忙着去做26岁的事情，否则在工作中会失去动力，会落后于同龄人的脚步。一步跟不上时代的节拍，人生将一败涂地。

不妨试着把理想和完美的工作条件列出来，奔着那个方向努力，就会发现有一天找到了自己最喜欢做的事，那就是适合你的工作，这样才会到达理想的目的地。

5. 30岁前生下自己的快乐宝宝

25岁的女孩，有着青春的美丽和潇洒自由的资本，对未来的憧憬也许是只要爱情和事业的浪漫。可当女人迈过了30岁的门槛，已为人妻，就开始慢慢步出热烈、灿烂的青春季节，少了一些轻狂。当你和爱人散步时，迎面而来的稚嫩的童音和纯真的笑脸是否在你心中荡起了温暖的涟漪？你是否注意到孩子走远了，你爱人目光还注视着他，眼里满是温情。这时，你是否意识到做妻子的责任，没有什么能比孕育一个生命更神圣和精彩了。

女人最好是30岁前生下自己的快乐宝宝，因为25~30岁的妈妈往往比高龄妈妈更注意母爱的适度。那时，她自身的成长尚未完成，有利于孩子获得互动的、天然的母子情感。

人们常说，孩子是爱情的结晶。女人不管今后生活怎样，都要有自己的孩子，因为孩子能增添家庭的快乐和幸福。

一个20多岁初为人母的年轻人，逗着咿呀学语的孩子："叫妈妈。"看得出她渴望享受孩子叫妈妈时的快乐。孩子在她的鼓励下，鼓起嘴，终于张口："妈妈。"年轻的妈妈笑得前仰后合，这就是孩子带给人们的快乐。

一个3岁的孩子羡慕上学的大哥哥，缠着让妈妈给他买来书包和笔。当妈妈给他削铅笔时，他歪着头，认真地看着，突然说："妈妈，别削到您的手啊！"妈妈把他紧紧抱在怀里，被他小小的爱心和关怀感动了。

作为母亲的快乐，只有在女人成为母亲后才能体会到，那是一种让人感动的快乐。哪怕在许多年以后，自己为了家庭和工作付出了一生的心血，然而决不会后悔，因为收获了许多的幸福，那就是孩子们用他们最纯真、最朴实的爱带来的最无穷尽的快乐。那不是华丽的衣裳、豪华的别墅和可口的佳肴能够换来的。

幸福感言

如果一个女人一生拥有了财富，拥有了相知厮守的爱人，当然可以说是一种幸福的人生，但若缺少孩子的童趣，女人的人生就会有一点遗憾。

在30岁前有个自己的孩子，这是女人一生要做的第5件事，它无疑可以让女人拥有更为完整的幸福。

6. 40岁，不再为金钱奔波

40岁，是女人走向成熟的阶段，她们大多拥有了稳定的工作和生活。儿女长大，丈夫事业有成，为儿女的成长和自己与爱人的后半生积聚了平安无忧的资本。40岁，不必再为金钱奔波，对工作和事业努力着，但不忘乎所以足可，因为爱自己要胜过爱一切。

40岁的女人更应像一杯清茶，“落花无言，人淡如菊”，煎茶闻香，养心颐性，享受自己内心的宁静和有条不紊，享受家庭的温暖和幸福。

可是，现实生活中却有许多年届40的女人，仍把赚钱作为唯一的人生目标，为了赚钱而忽视了父母的孤独、孩子的需要，放弃了对爱人的关怀……尽管银行户头上的数字在不断地翻新，却还是不能达到她所定的目标。等到世事的纷乱让人疲惫，滚滚的红尘让人不堪憔悴时，蓦然回首：已过40岁。40岁该得到的还没得到，该拥有的还没拥有，该放弃的还没放弃，该享受的还没享受，但健康已敲响了警钟。

40岁的女人不妨在世事的牵累、终日的忙碌中，偷出空闲，修饰自己、滋养自己，用自己淡然的心境去呵护被岁月磨砺得粗糙的面庞，让自己呈现出午后阳光般温和的笑容、端庄的气度和深厚的内涵。待白日的尘埃落定，在灯下读一点书，看一篇散文，远离刻薄和庸俗，修复被世故覆盖的灵魂，修炼从容的情态、健康的心志；明白什么是属于自己的，什么是不属于自己

的，把沧桑隐藏在心底，让一切慢慢沉淀在记忆里。

有一位心理咨询师，曾接到一个女人的求助电话，这是一位事业有成的房地产开发商，她的服饰穿戴都是名牌：古龙香水、鳄鱼皮包、巴黎化妆品、香港品牌的衣服。没有一项商品她买不到，没有一样东西她不曾拥有。

然而，接连几天晚上，她都独自开车到海边，一根接一根抽烟。咨询师约到她，聊到很晚。“你开心吗?”咨询师问她。她不说话，停了一会儿，玩弄着手指上的钻戒。然后，鼓足勇气说：如果可能，她愿意用这些财富交换想得到的生活的欢乐。

原来，她的先生是一位外企高管，因工作需要常飞来飞去，在家的时间就是“充电”，丝毫顾不上她的感受。她则忙着新项目的立项、忙着应酬，夫妻俩一同逛商场、一同散步对她来说都是奢望。慢慢地，导致她拒绝与他的亲密关系，虽然她的先生每次回来都给她带来名牌时髦的衣服、化妆品等。

一次，她开车停在十字路口，看到公共汽车上下来一头发花白的老大爷，下车后并未离去。她正疑惑不解时，老大爷伸出手，搀扶着从车上下来的驼背老伴。刹那间，她感动得热泪盈眶。

她羡慕这些不经意的关怀和温暖。

生活中一些40岁的女人为了使自己事业有成，为了随时迎接新到来的挑战，日常的时间常常是以分、秒来计算的，即使节假日也被安排得满满的，不是忙着去“充电”，就是去寻找、猎取新的发展机会，或是硬着头皮去参加各种应酬，几乎舍不得给自己安排一点享受生活的时间，也不懂得松弛之道对事业发展的作用。等到心灵和身体都很疲惫了，还不知道为什么呢。

幸福感言

40岁的女人要学会在压力面前随时随地放松自己，不应将追逐金钱当作唯一的目的，而是要同时享受安闲自在的生活，享受简单快乐的人生！

7. 资助一个比自己不幸的人

人与人之间需要帮助，而小小的资助是女人心灵的财富。

社会上有许多不幸的人：或因家庭贫困无法上学；或因下岗面临生活的压力；或是单亲母亲，承担着物质和精神双重的不堪承受之重；或是先天残疾，不能像其他儿童一样幸福成长。

资助一个比自己不幸的人，给予你所拥有的，或是金钱，或是鼓励，哪怕只是一个微笑或一朵鲜花，也可以让面临困境的人对生活充满信心和希望。

有一位中年妇女，丈夫因病去世，自己一个人带着女儿艰难度日。她原本在一家工厂上班，几年前，由于经济不景气，她下岗了。好在她平时待人很好，在街坊邻居中极有人缘，不久便在亲戚朋友的帮助下，在小镇开起了一家饭店。

饭店刚开张时，生意较为冷清，全靠朋友和街坊邻居们关照。后来，由于她忠厚老实，又热情公道，小饭店渐渐开始有了回头客，生意也一天一天地好了起来。

也许是她慈悲善良的缘故，几乎每到中午吃饭的时间，小镇上的一个老乞丐都会光顾这里。客人们常对她说：“快把他轰走吧，他年轻时好吃懒做，别可怜他！”这时她总是笑笑说：“算了吧，谁还没个难处，你看他这把年纪还没个地方住，也挺可怜的。”

人们都说她太善良了，从未见过小镇上其他店主能够像她那样宽容平和地对待这个肮脏不堪的老乞丐，换上别的店主，见到乞丐上门，就会厉声呵斥辱骂，毫不留情地赶走他，而她却每次都会微笑着给老乞丐的饭盆里盛满从厨房里取出来的新鲜饭菜。更让人感动的是，做这些时，她的表情和神态十分亲切自然，就像这一切原本就是她分内的事情似的。

后来，一场大火将老乞丐住的草屋烧为灰烬，幸好老乞丐没在家，但他那些寒碜的被褥、衣服等“无价之宝”却化为灰烬。老乞丐凄惨地站在那儿，用肮脏的衣袖擦着浑浊的老眼：“老天报应啊！”他踉跄着向小镇的河边走去。

洗菜的女店主看见了老乞丐，不由分说拉住他就往店里走。在人们惊诧和不理解的目光中，她打来洗脸水，又在杂物间收拾出一个空地，支起一个木板床，从此老乞丐有了新的家。以后，她一直像对待自己的老人一样精心伺候着老乞丐。老乞丐逢人就说：从没享过这样的福。

当地的媒体知道后，要对她进行报道；民政部门也要对她给予表扬，她都拒绝了，一如既往地操持着自己的小店。

幸福感言

一颗善良的心，一种爱人的性情，就是女人的无价财富。拥有一种好精神的女人，在帮助别人的同时，自己也得到了升华。

爱比物质更能创造力量。女人即使不能资助别人太多，付出的是热情而非物质，但只要真正源自内心，就拥有持久的精神动力。

8. 向不认识的人问声“好”

> 生活中，向同事、邻居、朋友等认识的人问候，人们习以为常，但向不认识的人问声“好”，你是否能做到？

向不认识的人问声“好”，能拉近人与人之间的距离，能拆除人为的高墙，让陌生的不再陌生，让不认识的成为朋友。向不认识的人问声“好”，是女人爱心的给予，在别人的惊喜和感谢里会收获自己意想不到的快乐和幸福。

在一个下雨的午后，一位穿戴不起眼的老妇人走进一家大饭店，大多数服务员想：凭她这衣服也吃不起这儿的饭菜呀，肯定来避雨的！她们都当作没看见她，完全没有招呼其他客人的笑脸。但有一位年轻姑娘却朝老妇人走过去，说：“您好，我能为您做些什么？”当老妇人回答说只是在避雨时，这位年轻姑娘并没有推销给她不需要的饭菜，也没有转身离去，而是拿给她一把椅子。雨停之后，这位老妇人向这位年轻姑娘说了声谢谢，并向她要了一张名片走了。几个月之后这家饭店的董事长收到一封信，信中要求派这位年轻姑娘去大城市有名的饭店去学管理。这封信就是这位老妇人写的，她就是那个饭店的董事长。

生活中，女人学会在举手投足之间撒下一颗颗关爱的种子，如一句亲切的话语、一个友善的致意或一句问候等，都能让对方

体会到你的爱心和真诚，使彼此的心里感觉到温暖。

一个闷热的晚上，无法入睡的云走到村外。周围坐满了附近租房子住的人，她们聚在一起说着她听不懂的外乡音，时而发出一阵笑声。云向田野走去，那熟悉的植物让她更加思念家乡了。不知独坐了多长时间，她竟发现周围乘凉的人都已回去了，看看手机上发出的短信还无回音，心中涌起一种难以名状的孤独。忽然，身后传来一个温和的声音：“回去吧，天晚了会着凉的。”她扭头看去，是远处的老婆婆正站起身向她走过来。她心头蓦地涌起一股暖流，竟觉得异乡也就是家乡了。

幸福感言

常常，一个人对世界的感觉比现实的真实对自己的影响更大。给予一个陌生人关怀和问候，是女人爱的雨露的播撒。假如想让人生的花园散发着友爱和温暖，那么先开放自己吧！一花先放，肯定能引来春色满园。

9. 向曾经绊倒自己的人伸出友好之手

一个女人经历一次忍让，就会获得一次人生的亮丽；经历一次宽容，就会打开一道爱的大门。幸福的女人总是多记住别人的好处，而不计较别人的怨恨，只有这样，心灵才不会为仇恨所累，才能豁达地享受人生。

能够向曾经绊倒你的人伸出友好的手、化敌为友的女人，别人永远都无法击败她。

有两位食品厂的女工，失业后东挪西借地凑了一些资金，开了一家速冻水饺厂。其中一位原来在车间就是技术工，便负责调馅、配料等技术活，而另一位负责营销等。两年后，她们的速冻水饺已经很有名气，在本市各大超市及各郊县食品店都有了她们的产品。当年底结算时，出乎意料，她们竟赢利 15 万元。当留下再投入的钱后，她们每人可分 5 万元，这对于从来都是每月挣 400 元工资的她们来说真是想不到的，都乐坏了。

可分钱时，负责营销的那位不知怎么心里有点不平衡。销售网都是她跋山涉水历尽千辛万苦铺开的，而同伴仅凭技术却要分一半利，她感到有点吃亏。回家后，有人鼓动她：自己干吧，那些技术也没什么难的，你不是早会了吗？谁不知道重要的是销路。她犹豫后下了决心，但又没理由开口跟同伴说，便隔三差五地开始

挑同伴的毛病。先是找借口说进的蔬菜等不卫生，让有关部门罚钱了；之后又找理由把女伴管财务的丈夫开除了。快到年底时，她要回的货款暂不入账，对女伴说：竞争对手太多，年底恐怕得赔钱，是不是考虑明年停产。见女伴不开窍，执著地要坚持后，她又挑女伴的毛病，诬陷她买原料后剩下的钱没上缴。那位女伴气坏了，想在家里待几天散散心，她便以打扫卫生为借口，将女伴的被褥搬到院里，并锁上门。之后逐步达到了自己开厂的目的。

秋天到了，适逢销售旺季，但她销出去的水饺却开始被退回。这些被退回的水饺又不能返工，只得销毁，她很痛心，就埋怨技术员，谁知技术员却说："做老板跟做员工的心态不一样，原来负责技术的厂长每次都是将几个水饺煮熟品尝后，再配出不同的料，你没她那么在心。"她犯愁了，还去找那位被辞退的女伴，怎么张口啊！谁知一个月后，那位女伴却来到了厂里。原来她在超市看不见自己原来的产品，打听到原因后心急如焚，不顾丈夫的劝阻前来救急。她感动得哭了，怨恨自己当初有眼无珠，钱迷心窍，当即决定让女伴全盘管理工厂，并亲自开车请回女伴的丈夫。

正是那位女伴的宽容，敢于向曾经绊倒自己的人伸出友好的手，不仅挽救了全厂，更在人格上赢得了人们的尊敬。

幸福感言

女人宽容的心能打开一道爱的大门。不论是面对同事的误解、邻居的刁难，还是社会的流言飞语，都应有"一笑泯恩仇"的气度。

向曾经绊倒你的人伸出友好的手，是能容天容地的胸怀。女人具有这样的气魄，就能把生活的苦酒化为醇美的佳酿。

10. 做一次人生的配角

生活中的女人，不可能每时每刻都是主角。即便是在女主内的家庭中，也要给男人一个唱主角的机会。而在人生的舞台上，女人更不妨做一次人生的配角。

有两位很要好的女孩同在一家公司业务部做销售工作，其中一位是业务主管，一位是业务员。其实，销售业绩的40%都是那位业务员取得的。由于她的销售业绩月月领先，很受经理赏识、同事赞扬，而业务主管却两个月没有一个客户订单，她感觉到一种压力。

临近月底，做业务员的女孩接到客户电话，有意成交一个大订单。她喜出望外，第二天便报告经理要去与客户面谈。晚上，当她买好车票后，又一次与客户通电话，没想到客户回答：“你不必过来了，你们公司已有人来谈过。”惊讶之余的她顾不上回家便急忙打车赶到经理办公室。经理不在，电话也无法接通，她回家后气得一夜未眠。

第二天上班后见到经理，她便追问此事是谁干的。经理告诉她是她要好的朋友，她转身出去就要理论。经理让她先坐下，给她倒上一杯水，不经意地问她是否知道第一次登上太空的人是谁。她不明白经理干什么问这风马牛不相及的问题，便没好气地回答：“阿姆斯特朗呗。”“不，还有一位是奥德伦。”经理让她坐下，给她讲了关于他们俩的故事。

在庆祝登陆月球成功的记者招待会上，阿姆斯特朗被人们团

团包围，因为他说过的一句话“我个人的一小步，是全人类的一大步”早已家喻户晓。一个记者突然向奥德伦走来，提出一个问题：“由于阿姆斯特朗先下去，成为登陆月球的第一人，你会不会觉得有点遗憾？”在场的人们都听到了这句话，簇拥着阿姆斯特朗的人一起转回头把目光投向奥德伦。一时，会场气氛有些尴尬。奥德伦却很有风度地回答：“各位，千万别忘了，回到地球时，我可是先出太空舱的。”他环顾四周笑着说：“所以我是由别的星球来到地球的第一个人。”大家在笑声中给予他热烈的掌声。阿姆斯特朗第一个跑过来，紧紧拥抱住他。

经理讲完后，告诉女孩：“你现在已经是业务部众人皆知的尖子，做一次配角又何妨？在人生中做不好配角的人永远做不好主角。”女孩听完后，走出经理室，向她的同伴伸出了祝福的双手。

幸福感言

荣誉诚然可贵，如果刻意去争抢，那就失去了意义，重要的是冷静地不断完善自己。女人不论在单位里怎样出类拔萃或是在家庭里怎样受宠爱，在工作或生活中都要有做一次人生配角的勇气和胸怀。

当一次人生的配角，是一种可贵的品质，给别人一次机会，配合对方的步调是一种尊重对方的举措。能让对方知道你是一个配合默契的人，日后可以进一步合作，这样长久下去，自然会成为至交，这也是女人智慧处世的方式，因为事业和生活都需要双赢。

11. 利用七天时间改掉一个坏习惯

女人不一定都有很好的天赋，但却可以拥有良好的习惯，正如细节可以改变人的一生一样，习惯也可以影响女人一生的命运。良好的习惯是一把通向成功的钥匙，可以换来事业的成功、生活的美满，而不良习惯，诸如唠叨、拖拉、懒散、多疑等，则是人生的绊脚石，会影响女人的思想、情绪和行为，甚至有可能导致生活的失败。

俄国大作家列夫·托尔斯泰一生创作了许多伟大的作品，但垂暮之年却凄惨地死去，就是因为他无法忍受妻子的唠叨。

托尔斯泰的夫人喜爱华丽，热爱名声和社会的赞誉，但这些虚浮的东西对托尔斯泰却毫无意义。她渴望金钱财富，但托尔斯泰认为财富和私人财产是罪恶之源。

多年以来，由于托尔斯泰坚持把著作的版权一毛钱也不要地送给别人，她就一直唠叨着、责骂着和哭闹着。当他不理会她的时候，她就歇斯底里起来，在地上打滚，拿着鸦片发誓要自杀，威胁着说要跳井。

他们一生中的最后一次长谈，是俄国历史上最催人泪下的一个场景。那天晚上，这位年华已逝的妇人跪在托尔斯泰的面前，

乞求他为她大声读出他在50年前为她所写的一段浓情蜜意的日记。读着读着，两个人都哭了。刚结婚的时候，他们非常快乐，但过了48年以后，他看到她就受不了。现实的生活与他们早先拥有的罗曼蒂克之梦多么的不同呀！

最后，当托尔斯泰82岁高龄时，他再也不能忍受家里那种悲惨不快乐的情形了，于是在一个下着大雪的夜里，逃离了他的夫人。11天以后，他因肺炎死在一处火车站里。他临死时的要求竟是：不许她来到自己身边。

托尔斯泰夫人这才醒悟，可是太晚了。她在逝世之前，曾向几个女儿承认道："是我害死了你们的父亲。"女儿们没有回答，却抱头大哭。她们知道是她不断的埋怨、没完没了的唠叨害死了她们的父亲，毁了曾经幸福快乐的生活。

可见，坏习惯的危害是如此之大！

也许一些女人的坏习惯是不自觉的、或习以为常从来没意识到的，但它们不知不觉依附于人性中，从而影响了自己的思想、情绪和行为。据婚姻专家分析，许多家庭破裂，是男人无法忍受女人的不良习惯造成的。

所以，有不良习惯的女人要马上行动，即使坏习惯还没有造成严重的后果，也要采用明智之举战胜坏习惯，而且最好是利用七天时间改掉一个坏习惯。

爱唠叨的女人，一定要记住："一句话只说一遍。"第一天憋不住可以说出来；第二天忍住不说；第三天委婉地提示对方；第四天静观对方反应；第五天试着自己去做；第六天看对方的反应；第七天，相信你会看到对方惊喜的眼神。

习惯拖拖拉拉的女人在第一次做事时，就要把今天应该完成的事情做好，绝不能推迟到明天或者更晚来完成，让"马上行动"始终在思想中扎根。

爱多疑的女人为了避免让多疑左右自己的生活，就要尝试着用“信任”代替“多疑”，用“理智”遏制多疑心理的升级，设身处地地替别人考虑。几天后就会发现，曾经的“多疑”实际上完全是自己无中生有的想象，只不过是杞人忧天罢了。无论在什么样的情况下，只要始终不放弃“信任”的立场，那么，自己对他人的敏感、多疑，也就会慢慢地不治而愈。

幸福感言

改变坏习惯，要靠自身努力，别让人生之舟在不注意的河沟里翻船。

赶快行动吧，最好利用七天时间改掉一个坏习惯，别让它们带走你的美丽。

12. 每月做一个理财计划

作为女人，从恋爱、成家、立业到照顾孩子、赡养老人等，总要跟钱打交道，缺乏稳固的经济基础肯定会面临尴尬。你不理财，财不理你。女人如果征服了它，那么它就会为你服务；如果你不会理财，那么你的生活将会处处受到金钱的制约。

经常听到有些女人抱怨：“只要我的收入能够增加10%，就不会再有任何财政困难了。”可是假如这样说的女人收入再增加20%，也仍然不够用。关键的问题并不是因为她们没有足够的钱，而是她们不知道如何支配自己手中已有的钱。

所以，不管哪个年龄段的女人，正确而巧妙地理财，都能使自己置业无忧、养家不愁。每月做一个理财计划，也是女人用美丽装扮一生重要的方面。

台湾富豪蔡万霖小时候，曾发现妈妈每次做饭时，总是从定量的大米中抓出一小把放进坛子里，天长日久，竟也节余下来许多粮食。每当青黄不接之时，妈妈便把这些积攒下来的大米拿出来供全家食用，以解燃眉之急。这件事给蔡万霖很大的启发。他想，如果主妇们每天都从零用钱中抽出一点存起来，时间久了，不也是一笔可观的数目吗?经与哥哥商议，兄弟俩决定在台北创

办第十信用社并开展1元钱开户的“幸福存款”储蓄运动。他们宣布，只要存1元钱，就可以当“十信”的客户。

这一倡议得到了家庭主妇们的热烈响应，她们常常在上街买菜的路上，顺道进“十信”，将手头的零钱存进去。还有的中学生也将假期打工挣的钱，扣去书本费后悉数存进了“十信”。

蔡氏兄弟的1元钱“幸福存款”储蓄大获成功，他们趁热打铁，又在台湾其他地方开了17个分社，个个生意红火。后来他们又增加了夜间办理储蓄业务。此后不久，“十信”已拥有社员10万多人，存款金额高达170亿元，一跃而成为台湾最大的信用社之一。

像蔡万霖一样，大多数富豪并不是天生的赢家。蔡万霖母亲生活中的一个小习惯给了他“财富是靠累积得来的”这样一个重要启示，这种思想不仅影响了他早期的创业，更在其一生追求成功的过程中起着至关重要的作用，他成了当之无愧的“聚财之神”。

事业需要理财，家庭也需要理财。

对于女人来说，理财的真正问题在于使用金钱的方法，养成制订家庭财政计划的习惯，删减那些不必要的花费。如果男人会赚钱但不会节省，女人就可以帮助他管紧钱包；如果他本来就节省，女人可以在用钱方面表现出相同的看法，为他增加信心。

理财最重要的是首先要每月做一个理财计划，列出哪些是应该买的、哪些是不必花费的、哪些是可买可不买的；然后记录每一项开销，使自己对于支出情形有个清楚的了解，知道在何处删减，为什么要删减，以及删减什么；月末再看看哪些是必不可少的开支，哪些是可有可无的开支，哪些是不该有的开支，是否和计划相符。如超出计划，下月可逐渐减少那些“可有可无”以及“不该有”的消费，并根据存折余额随时调整自己的消费行为。

女人要实现理财计划，重要的一点就是要懂得开源节流，比如下饭店、吃快餐等，这样吃饭的费用就会占据收入的很大一部分，理财计划恐怕也难以实现。这里建议工作中的女人抽空可学习烹饪手艺，下班后可以顺便买点自己喜欢的青菜或半成品食物进行加工，这样，既达到省钱的目的，又练了手艺。

其次，还要随时对自己的资金了如指掌，逐渐储备，积少成多。工作几年下来，也能打下一定的经济基础，逐步达到理财目标，如：孩子的教育费用、养老保险等。

幸福感言

女人应该掌握理财的要诀，拥有自己的财富。作为女人，每月做一个理财计划，天长日久，就能理出生活的乐趣、稳定和家人的平安。

13. 找一个贵人做靠山

漫漫人生路上，男人的辉煌随处可见，但成功的女人却犹如“凤毛麟角”。女人要想做出一番令人羡慕的业绩，除了发挥自身的才华和能力外，还要善于借势——寻找那些能够提携、帮助自己的人，这种人被称为“贵人”。

女人要学会找一个贵人做靠山。有贵人相助，不仅能缩短成功的时间，还能加大你成功的筹码，会使自己的人生之路越来越宽、越来越广。

阿根廷前总统伊萨贝尔就是站在她丈夫庇隆的肩膀上，凭借其权力与声望，一跃登上了权力巅峰的。

1931 年，伊萨贝尔出生在阿根廷拉里奥哈省一个银行职员的家中。她 7 岁的时候，父亲不幸去世。小学毕业后，由于她对艺术十分酷爱，便投入到钢琴和舞蹈的学习当中。

起初在苦难家庭中长大的她并没有任何政治抱负，也从来没有当第一夫人的念头，更不敢奢求当阿根廷的女总统，她只是将全部的精力都集中在学习艺术方面。

1956 年，伊萨贝尔随阿根廷“塞万提斯国家芭蕾舞剧团”到中美洲各国巡回演出，她轻盈动人的舞姿在巴拿马引起强烈轰动。有一天，伊萨贝尔刚跳完舞，一位年逾花甲、满头白发的老人前来见她，在场演员都感到很吃惊：原来这个人就是刚刚退出政坛的阿根廷前总统胡安·庇隆。

原来，伊萨贝尔在夜总会结交了一位巴拿马政界名人，从他口中她得知下台后的阿根廷前总统胡安·庇隆正在巴拿马城流亡。出于崇敬，当时伊萨贝尔随口问了一句：“我能不能见见他？”庇隆后来无意中也听到了这句话，他内心十分感激。在异国他乡，两人初次相见便有一种亲切无比的感觉。两个素不相识、身份各异、年龄相差甚大的人相识并最终走到了一起。

没过多久，伊萨贝尔便决定告别剧团，跟随庇隆到巴拿马过流亡生活。在此期间，她成为庇隆的秘书和助理，帮助他处理日常事务。伊萨贝尔对庇隆充满必胜信心，她坚信这位饱经风霜的老总统总有一天会希望重燃。

由于长期奔波，再加上政坛失意，庇隆的身体状况很差。60年代，一次患重病住院的他内心无比悲痛，是伊萨贝尔的精心照料和鼓励使他精神振作，身体得以恢复。

1973年3月11日，阿根廷举行了大选，庇隆夫妇重新踏上故土。后来，在一次庇隆派正义党全国代表大会上，庇隆夫妇被选为正副总统候选人。在那次会议上，党主席庇隆因为身体欠佳没有出席大会，伊萨贝尔以正义党第一副主席的身份接受大会提名。大选揭晓，庇隆第三次当选总统后，伊萨贝尔随即成为第一夫人，也成为阿根廷历史上和南美历史上第一位女副总统。

由于此时的庇隆已年逾古稀，伊萨贝尔的地位和作用便日益上升。随后，庇隆接受并签署了移交总统权力证书。在最高法院的主持下，伊萨贝尔宣誓就任总统，从此，一名普通舞蹈演员开始了她漫长的政治生涯。

名人要成功尚且知道寻找“靠山”，生活在竞争激烈的社会中的普通女人要成就一番事业，创造幸福的生活更需要“找一个贵人做靠山”。

假使女人要成为一流人物，就要与一流人物交往。在自己所处的环境里，能与站在顶点地位的一流人物交往，可获得更切实的帮助。只有学习其观念、优点、做法，才能引导自己向上；而与那些远不及自己的人往来，最后会使自己落到那些人之后。

女人如果立志在商界驰骋，首先就要想办法接近商界名流。他们往往有深远的影响力，一句赞许的话就可能使你受益良多。而一旦与其建立起良好的信赖关系，他们就会考虑替你找个能大显身手的机会。如此一来，女人的命运可能会大获改观。

其实，行行出状元。在工作的单位里，那些业务高手也都是一流人物，不要放过了与他们“深交高攀”的机会；那些愿意助你一臂之力，对你委以重任、乐意栽培、提携你的人就是你的贵人。在他们的栽培下，只要虚心努力，你也会成为崭露头角受人重视的实力派人物。女人不论在工作和生活中，都要善待身边的人，帮助你、助你走向成功的贵人，往往就在这些人中间。

但贵人不会自动向你走来，要靠你培养好的品质和习惯去吸引，相信当你行经生命的幽谷时，必能“遇难呈祥”，而不至于孤立无援，坐以待毙。

幸福感言

女人要想让人生更为美丽，就需要找到自己生命中的支持者，并小心翼翼地对待他。毕竟，有贵人相助才能少走弯路，最终获得成功。有一个贵人做靠山，需要女人用一生去寻找！

14. 一开口，就让别人喜欢你

曾经有人说过，女人的温柔是夜幕降临时一盏亮起的灯，而女人温柔的话语，能拂去男人路途的疲惫，她缓缓地、轻轻地飘过来，扩展，弥漫，使人感受到一种放松，一种归属，一种美。

会说话的女人像一本赏心悦目的书，能让人如沐春风，让他人从自己的语言里读到温婉、矜持、含蓄和智慧。在社会上与人交往时，女人温柔又恰到好处的话语，一开口就让人喜欢，它可以给女人带来一生的幸福。

几十年后作家萧乾仍然能够记得林徽因对他说的一句话是："你是用感情写作的，这很难得。"萧乾承认，林徽因的话给了他很大的鼓舞。

事实上，女人的美丽如果加上一些贴切的话语，所能表达的鼓舞是很大的。她用女性的细腻、体贴以及自己的才华在社交上达到了男人难以达到的成就。这就是女人加上才华所爆发出来的魅力。

女人温柔的话语给人如沐春风的感觉，也给了自己最美丽的幸福滋味。据说，林徽因说起话来别人插不上嘴，沈从文、梁思成以及金岳霖等大家却心甘情愿地坐在沙发上抽着烟斗欣赏。林徽因实在是一个知道自己的资本、也懂得如何利用自己资本的女人。

人的素质有高有低，年龄有大有小。女人开口说话时，应因人而异，突出个性，因为有特点的赞美比一般的赞美能收到更好的效果。比如老年人总希望别人记得他“当年”的雄风，所以和他们交谈的时候，可以多称赞他引以为豪的过去；对年轻人不妨稍微夸张地赞扬他的创造才能和开拓精神，并举出几个例子证明他的确前途无量；对于经商的人，可以称赞他头脑灵活、生财有道；对于有地位的干部，可称赞他为国为民，廉洁清正；对于知识分子，可称赞他知识渊博、宁静淡泊……

有时候，女人恰到好处的话语还能产生一种意想不到的力量。

一位农村女人的丈夫发达了，男人的综合征都有了。后来他又破产了，欠下十里八乡很多人的债，因为当初大家都把自己的血汗钱借给他做生意。现在，乡邻都纷纷来讨债，男人吓得溜了。

大伙儿一进门，二话不说，扛米的扛米，扛菜的扛菜。就在人们扛着东西往外走时，那位妻子悄无声息地拿起一摞碗，一只一只摆在桌上，又拿起一只暖水壶，逐一倒满水。她说：“大家今天来到我家，就是我的客。我把水烧开了，请大家先喝碗茶，喝完再走吧！即便是算完账，以后我们也还是朋友。”正在准备走出去的人们听到她的话都愣住了，默不作声。待了一会儿，大家乖乖把那些打算扛走的东西放回原地，把踢翻的桌子摆好，又把摔倒的板凳扶好。

幸福感言

女人最能打动人的就是温柔的、恰到好处的话语。通过语言，人们能看到女人包容进红尘中一切仇恨的善良。温柔又恰到好处的话语，像一只纤纤细手，使冰冷的心变得炽热。

一开口，就让别人喜欢，女人会在别人的赞赏中越来越美丽。做个这样的女人，就打造了自己一生的人格魅力！

15. 看一次日出

“万物生长靠太阳。”无论是在门窗封闭、文件堆积的办公室，还是在嘈杂狭窄的厂房，当太阳透过玻璃窗，穿过轰鸣的机器，照射进来时，人们的心中都能隐隐约约感觉到那一种喷薄而出的力量。太阳就是光明和希望。看一次日出，看太阳在广漠的天空中冲破黑暗升起时的壮观，美妙的景色会瞬间荡涤胸中的所有繁杂。

当女人每天在平淡烦琐的生活中周而复始，再也感觉不到生活的激情和力量时，不妨去看一次日出，领略一下大自然的奇妙和壮观，让心灵因为鼓舞而快乐。

对平原上长大的人来说，看太阳从地平线升上来，本不是奇事，但在高山顶上看日出，尤其在泰山顶上看日出，却是一种特异的境界。

“五一”长假时，素和同事们相约去泰山看日出。起初，她不明白为什么要去泰山看日出，难道那边的日出与自己每天在家看到的不一样吗？带着好奇，她出发了。

当她们爬到山顶时，天还暗沉沉的，还有一些寒意。但她们顾不得疲倦，心里充满了看日出的渴望。刚开始，西方是一片铁

青，东方稍微有些白意。等到她们留心回览时，眼前是一个见所未见的境界：东西南北平铺着的云气，那么有趣，有的像家乡无数的长绒绵羊，交颈接背地熟睡着；有的像动物园睡熟的狮子，安详中透着雄伟。素只在平原上看到过太阳升起时的美丽，没想到茫茫云海中还有如此奇异的景象，不站在泰山顶上哪能看到。素心中充满了激动，睁大眼睛，专心地盯着东方的天空，生怕错过每一个奇观。

这时，随着繁星渐没，灰蒙蒙的天空中云层变薄了，晨曦从奇妙的太空照过来，云海瞬间变成了雾纱，柔柔绵绵，一丝一丝平拉在宇宙之中，如同小时候看的电影《嫦娥奔月》里的仙境。

刹那，东方出现了瑰丽荣华的色彩，天空由灰而变黄、变红、变紫，奇异的色彩令素激动得几乎要叫出来，但又生怕自己的声音会打破眼前的境况。她张大嘴，一动不动地注视着东方。渐渐地，山顶云层裂开一条缝，一会儿，缝隙变得越来越长，越来越宽，越来越亮，突然，几道霞光射向天空：玫瑰汁、葡萄浆、紫荆液……如此的异彩，一下子揭去了满天的睡意。四方的云霞仿佛光明的神驹，在兴奋地驰骋……忽然一弯火红的圆弧，冲破晨曦，从云海冉冉升起。

此时的云霞，像镀上了一层金光，展开在大地的边沿。圆弧慢慢变成扁圆形，宛如一盏巨大的宫灯，悬挂在东方的天边。快……快……很快她就拔身而起，临照在天空，将下面的雾纱一扫而光，眼前的树，眼前的山，像一幅优美的画卷重新展现在游人面前。

啊！太阳！太阳出来了！素和同事们几乎同时叫出声来，是感动也是迎接。此时，云海也活了，刚才睡熟的各种各样的兽形瞬间醒来了，昂头挺胸地呼啸，天空漂移的云层像是被激起的欢乐的浪花，静穆的天空突然有了生命……。初升的太阳，随着饱览这一瑰丽景色的旅游者的呼唤声，若隐若现，若明若暗，翩翩起舞。

素和同事们似乎忘记了疲惫和饥饿，真想生出双翅飞上天空，遨游在日出的奇景里。

虽然中学时素学过《登泰山看日出》的课文，但早在锅碗瓢盆的叮当中忘记了。没想到有一天自己能亲眼看到太阳升起的奇妙和壮观，太自豪了，真让人流连忘返于大自然的神奇。一种说不出的愉悦从心底升起，仿佛太阳照进了自己的心里，一切都充满生机，一切都那么美好。她发现身边每一个看日出的人都那么欣喜，好像突然注入了一种力量，心是那么年轻。感谢大自然，感谢美好的生活，使我们的生命洒满了更加彻悟的奇妙光照。

幸福感官

女人不妨放下一切凡尘俗事，选择一个闲下来的时日，去登山，感受日出的壮观景色，让心中的光明和希望也随着太阳一起升起，那是女人一生不落的太阳。

16. 叛逆一次

很多女人从小就被塑成一个乖女孩，坐时要双腿并拢，吃饭不能弄脏衣裙，不能像男孩子一样当着众人的面大声叫嚷，不能一个人跑去旅行等等。长大了，在一定年龄时又需要参加工作，到一定年龄必须嫁人。做了妻子与母亲后，一举一动，更得符合自己的身份，更不能异想天开。年复一年，女人的年华就在这样的平淡无奇中度过了。

这样长期拘束郁闷的生活，会严重损害女人的身心健康。短暂的周末和节假日，只能让紧张的大脑得到暂时的放松，并不能让心灵无拘无束地快乐。女人不妨叛逆一次，用这种更有效的放纵方式，把藏在身心深处的压抑连根拔起，抛到九霄云外去。

有经济能力的女人，完全可以自己去买一辆车，不在乎是越野车还是家庭用车，是“现代”、“蓝鸟”还是“奇瑞”、“松花江”，即便是经济实惠的二手车也可，关键是它能带着你去想去的地方。男人可以纵情走天下，女人为何不选择一个好天气，长发飘飘、风驰电掣地驶过高速路，让呼啸的风为自己壮行呢！

淑女贤妇们，不妨走出家门，备好野营用具，去一个旷野山坡，完全可以像男人一样夜不归宿，不必担心闲言碎语，也不必再担心家里的早餐是否做好、窗户是否关好、老板开会的文件是否打好，抬头看看天上的繁星，让心随它们一样自由自在地驰骋吧！

也可以带上滑雪板到雪场滑雪，去感受北国风光的壮丽，即使摔几个跟头引得人捧腹大笑也不用管它，摔掉粉黛的装饰正好还一个自然的你。还可以邀上几个好友去游泳，在海边晒晒太阳。这里没有认识你的人，你可以随心所欲踢掉鞋，玩泥巴或挖螃蟹，或在沙滩上打几个滚，返璞归真，舒舒服服地享受。

总之，女人完全可以为自己寻找更大的空间，驰骋天下，自由洒脱，忘记都市生活的所有疲倦，去体验一种心旷神怡的感觉。平时循规蹈矩的女人，不妨穿上最流行、最酷的衣服，学攀岩或玩过山车，在大声尖叫中释放一直被压抑的情绪；也可以参加电视台的娱乐节目，扮一个潇洒不羁的少年。

生活是多彩的，女人完全可以释放自己个性中率真、无所顾忌的一面，活出另一个真实的自己。

幸福感言

女士们，不要苦了自己的心灵，让搁置已久的梦想同心情一起放飞吧。脚踏茵茵青草，头顶湛湛蓝天，像风筝一样想怎么飞就怎么飞吧。看五颜六色的花朵竞相开放，看云蒸霞蔚，让梦想飞翔，让心灵愉快歌唱。

叛逆一次，是女人一生真实又独特的快乐，不妨去尝试。

17. 畅饮一次

在女人的生活中，酒似乎不像美丽的鲜花和漂亮的服饰那样合乎时宜，让人流连忘返。莫不是怕飞觞醉月会逊色了女人的风范。

大多数女人都不轻易饮酒，即使是参加宴会或应酬客户非喝不可，也极有节制。但女人的轻轻一抿，却似杨柳拂面，而那些在酒席上豪饮者，敢端起酒杯与男人干杯的，常令男士怯阵，刮目相看。

葡萄酒是惊艳也是最诡异的，那美丽之极而致命的干红，是生命中不遗余力的付出。它的颜色、它的芳香，都是不能抗拒的诱惑，当女人一触及，整个人会逐渐飞升，即使付出代价也甘愿为之一醉。多数极少饮酒的女人一旦端起，便能饮出女人的千娇百媚与雅致情趣，饮出令天下须眉拍案的千古绝唱。

成熟的饮酒的女人，总是不动声色的，仿佛很生疏，然而把自己的目光投在对方的身上时，就会在空中交融成彼此的光源，沉静地燃烧在黑暗里。虽经烈焰、高温，酒的滋味渗入肌理，内敛而沉默，无论岁月的风霜或伤痕，都永远不能使它斑驳。

女人饮酒难得醉。花看半开，酒饮微醺。微醉的女人如薄雾的清晨一枝新开的月季，娇羞如春光乍泄，即使素面朝天也让人难忘。但女人到了愁肠百结、无法排遣的时候，也会有一醉方休、大江东去的淋漓宣泄，特别是如贵妃醉酒似的边喝边唱，别有一种撩人情怀的凄楚，永远地留在了人生的舞台上。不情愿让自己开败凋零的女人，却无奈季节的风雨，不忍去拾零落成泥的花蕊，只得在“东篱把酒黄昏后”，把自己斟成一株在瑟瑟秋风中不胜销魂的黄花。喝到伤心处，滴滴幽怨，让人不忍端杯，生怕碰碎那一池透明的伤悲。

“葡萄美酒夜光杯”，在一个风花雪月的晚上，热恋的女人不妨畅饮一次，让爱的烈焰全力地绽放，只要能够真正燃烧一次，从她心里传递到他心里，甘愿忍受所有被烧灼的痛楚。那最热烈和最艳丽的都留在她的唇上，永远温暖着未来。

幸福感言

畅饮一次，不是男人的专利。作为女人，偶尔放纵一次也未尝不可。能够畅饮一次的女人，品尝了生活的另一种苦辣，会更懂得珍爱生活、创新生活，让自己的人生更夺目，让自己更光彩夺人。

畅饮一次的女人，活出了快乐的自己。能够畅饮一次，女人就从娇嫩到成熟，从刺激到安宁，满足地一步步迈向生命的旅程。

18. 美食一次

都市中五光十色的酒店、饭馆招牌，闪烁着诱人的魅力。成都小吃、老北京饺子馆、广东烧鹅、潮州海鲜等琳琅满目，不光味美，连菜肴的摆设、颜色的搭配都讲究。

其中最有影响和代表性的是鲁、川、粤、闽、苏、浙、湘、徽等八大菜系，它们风味迥异，各领千秋。有人说鲁菜、皖菜犹如古拙朴实的北方健汉；川菜、湘菜就像内涵丰富充实、才艺满身的名士，而苏菜、浙菜好比清秀素丽的江南美女；粤菜、闽菜宛如风流典雅的公子……它们是各地饮食文化的精粹。

“耳听为虚，眼见为实。”整日围着灶台转或常吃单一快餐的女人何不放下锅碗，带上家人或好朋友去美食一次。尝尝大江南北的风味，尝尝各具风韵的烹调技艺，领略一次各有千秋的特色菜肴，让味觉、嗅觉、视觉都得到满足。美食一次，何乐而不为？

喜欢北方风味的女人可到山东饭店，去品尝济南和胶东两地风味的“油爆大虾”、“红烧海螺”、“糖酥鲤鱼”等大菜。当饭

菜上桌时，扑面而来的浓烈的香味定会让你忘记饥饱，即使吃海鲜和汤菜，那也不是粤菜的清淡，而是油香俱佳。品尝那浓厚的味道时，常让人想起不是纤弱的女子所做，而是山东大汉烹制的。当然主食肯定少不了他们家乡风味的煎饼裹大葱，拿一根大葱在手，就仿佛坐在沂蒙山农家的院里。若是冬季，可邀上爱喝酒的朋友热上二两白酒，在呼朋唤友、猜拳行令的热闹中，热乎乎的气氛会一下子温暖到心里。

“上有天堂，下有苏杭。”没去过杭州不要紧，到苏、浙饭店就可品尝到杭州、宁波、绍兴等地的美味，当然最负盛名的是杭州菜。鲜嫩软滑的“西湖醋鱼”、清爽不腻的“龙井虾仁”，竹帘一掀，由清秀的江南女子端出，让你仿佛来到了烟雨朦胧的苏堤；更有那扬州的“清炖蟹粉”、“狮子头”，原汁原味，汤中加了几片紫菜和小虾米，一经端出，香味四溢，沁人心脾。饮一口，秦淮河的风便迎面扑来。

饮食界都知道“吃在广东”，广东的菜可不只是广州一地的风味，而是由广州、潮州、东江三个流派组成。不论“烧乳猪”，还是“冬瓜盅”、“古老肉”，煎炸烩炖都一样爽淡脆鲜。吃“三蛇龙虎凤大会”时，估计你怎么也想不到，令人不喜欢的水族却有如此鲜美的味道。那爽、淡之味如珠江的海风一样怡人，那脆、鲜之感像粤语一样令人耳目一新。

现在，大街小巷到处都有“成都小吃”，真不得不佩服成都人有一手，连小吃都开在饭店里，跟大酒店一比高低。可别以为小吃不登大雅之堂，那可是成都、重庆两个流派汇聚。进去，你会发现“宫保鸡丁”、“鱼香肉丝”、“干煸鳝鱼”……应有尽有，不光味多、味广、味浓，而且色香俱全。

先尝尝“干煸鳝鱼”，那地道的口味肯定让你佩服，不用去成都就解馋了。能吃辣的，“水煮肉片”让你过把瘾，辣得流汗也舍不得放下筷子，那种麻辣的滋味会一直舒服到心里，爽！当然要有红白相间的酸酸的泡菜，像拖着长腔、抑扬顿挫的四川话一样让人回味无穷。爱聊天的人在这里可找到知音，成都人爱“摆龙门阵”，趁他闲暇，管保摆得让你挪不了窝。

其实，美食不只是享口福，那热闹的氛围让你不会感觉清冷、孤独；那四溢的香味和缭绕的烟雾，会让你感觉到生活的多彩、真实和亲切。

幸福感言

尽管一次美食，吃不尽所有的美味佳肴，但边吃边喝边聊，其乐融融的气氛会让女人心胸舒畅。吃完后不妨在家试着做做，关键时露一手，会收获女人一生意想不到的快乐。

19. 找一个蓝颜知己

梁晓声说：“一个女人的一百个女朋友也不足以替代一个好男人。”在竞争激烈的今天，女性要承受来自多重角色的压力，在精神上其实非常需要一些强有力的支持，不只是有父母、爱人、朋友，更需要全方位的感情关怀。

女人接触的许多男性非常优秀，具有一些女性所不具有的特点，能帮女人排遣寂寞、消除烦恼、提供帮助。作为人类对爱情和友情所不能达到的范围的补救，这样的男性朋友就是女人的蓝颜知己。

蓝颜知己是能给女人带来各种生活情趣的小天使，他们会在女人寂寞的心田里栽上花，种上草，种植一根常春藤。然后，女人的心田里就会有春的嫩绿、夏的葱茏，秋天，花园里还会结出丰硕的果实，带给女人意想不到的惊喜……那样，女人还会感到寂寞吗？还会觉得生活像一杯白开水一样淡而无味吗？

学历较高、月收入较高、从事管理及自由职业的女性，在公关、应酬活动中有更多的机会接触优秀的、生活圈外的、风情迥异的异性朋友，在交往中彼此可能产生一定好感或特别情感。他懂得她的一切，哪怕叹息，哪怕哭泣。他静静地倾听，体贴得如冬夜里的一杯暖茶，散发出清雅的幽香，一点一点渗透女人的心。

蓝颜知己，不像爱人的朝夕与共，不需指责他，不用占有他，更不用去讨好他。蓝颜知己虽没有父兄般的严厉，但同样会毫不留情地在你固执和偏激时敲响警钟；偶尔也流露出孩子般的可爱

和稚气……与这种蓝颜知己之间没有爱情，却又比一般朋友间多一份肝胆相照，更不用担心时间久了友情会淡漠。女人总能在最快乐和最难过的时候想起他，想起时便感到深深的温暖和慰藉；他们永远像一棵树，在女人的想象里繁盛，总也不会落叶。

也许生活中在某个不经意的时刻，迎面走来一群潇洒的男人，不得不令你停下脚步。突然，你心头一震，你看见了一个长着小胡子的男人的深情的眼神，而且，那种眼神里，分明还充满了一种可以叫做深情的东西。这样的男人成熟、可靠、善解人意，永远居住在女人的精神领域里，这样的蓝颜知己是可遇不可求的。

每个女人的内心深处，总期待着能与这样的男子相遇。一旦遇上，她们的寂寞和软弱，便都有了寄存的地方。对“蓝颜知己”没有任何其他杂念，无拘无束地谈论彼此最隐秘的思想或者情感，说出飘过脑际的非常琐碎的想法，或者只是想对他倾诉。每当这时，他们往往不带任何责备地倾听女友的各种问题以及各种烦恼。在女人哭完的时候，陡然觉得全身心都放松了，是那种卸下千斤重担般的轻松。

幸福感言

女人如果能找到一位既欣赏和尊重你的思想又能真心待你的“蓝颜知己”，就是一生莫大的幸福。和这样的男人交往，如陈年佳酿，一杯在手，其乐无穷，女人的思想会出现质的飞跃。

能做“蓝颜知己”的男人，必是男人中的极品。一个能拥有“蓝颜知己”的女人，不仅是一种幸运，也是一生的幸福。

20. 珍藏一抔故乡的泥土

故乡，是那个离开之后才知道拥有的地方；故乡是每个人成长的摇篮，是梦起飞的地方；但又是游子夜半床前打湿的月光，是天涯海角那一轮圆圆的思念。

在鲁迅的《故乡》里，开头就是“我冒了严寒，回到相隔两千多里，别了二十多年的故乡去”。游子思乡的迫切跃然纸上。故乡是诗人“白雪花开荞麦香”的美丽和“村桥远树似吾乡”的感叹和怅惘。因为思念，都嗅到故乡的荞麦花香了，错把异乡当故乡了。

游子思归的故事太多了，但没有一个思念显得苍白。不能回到故乡时，珍藏一抔故乡的泥土，也就是把故乡装进心中了。

故乡的歌是一支清远的笛，
总在有月亮的晚上响起；
故乡的面貌是一种模糊了的怅惘，
仿佛梦里的挥手别离……

就像在万千的思念中独独选择了故乡一样，只因是乡情乡音，才有动人的曲调。

回想年轻的时候总是快乐地跨出家门，笑纹里总是漾满了谢意，等城市的喧嚣让心越来越浮躁，才发现：你在这头，故乡在那头，涛声依旧，不见当年的夜晚。生活在都市中的女人何不在荒芜的心灵珍藏一抔故乡的泥土，让它平顺自己的心情。故乡的泥土，那是不老的乡愁，那是温馨的乡愁。

是否还记得少女时的太阳是挂着响铃升起的！铃声叮当升起在你清澈的双眸里，再投向雪白的塑料鞋的光彩里。那风中飘舞的纱巾是妈妈为你买的那一条吗？那趴在膝盖深的麦地里唱歌的少女还是儿时的玩伴吗？小河边可还有摇着辘轳、挑一对木桶的爷爷吗？金黄的麦场上，还响彻着挥汗如雨的父亲和乡亲们豪爽的笑声吗？

当今天故乡的铧犁、故乡的镰刀变幻成奔跑的汽车和漂亮的厂房时，那里，走出工厂的少男少女是否还像年少的自己那样把憧憬唱给月光升起时的白杨？当暮色从群山各个山谷包抄过来时，才恍然发觉：记忆像纷纷落叶掩埋了家乡的小径。多想对着旷野喊：能否让我重来一回。而暮色的脚步却一步紧似一步，很快就将美丽的记忆带走了。

蓦然发觉，那个若干年前用热情装点着自己的少女，已成为记忆中醉人的风景。

幸福感官

故乡，让游子在梦中萦绕千回呼唤千回。“故乡，这是人世间最不朽的绿叶，它骄傲地立足，尽管不朴素，却不改灿烂。”伟大的音乐家肖邦，至死还要求人们在他坟上撒一点故乡的泥土。珍藏一抔故乡的泥土，就是珍藏了美丽的回忆。

21. 重拾童年的快乐

> 当女人步入成年后，会发现担心和烦恼竟也随着年龄的增长而增多了。在家里，担心街坊邻居的闲言碎语；上班时，担心办公室的窃窃私语；外出时，又为找不到合适的衣服而懊恼。难得的周末放松自己时，多想在草地上打滚，又在乎把衣服弄脏，又在乎别人如何看待。

其实，每个女人的内心深处仍然是一个天真的孩子，欢快地跑跳、嬉戏、打闹，做很多傻里傻气的事，完全不必像现在这样惦记未来的困难。

一个女人如果能重拾童年的快乐，就是心灵上真正的贵族。

一位妈妈拉着刚学会走路的儿童，小孩低着头，看着脚下的一切。“抬起头来。”妈妈对他说。孩子猛地把头抬起来，向天上望去。妈妈笑了，为孩子的单纯。

下雨时，农村的人家爱把洗脸盆放在屋檐下瓦口处接水。当雨声敲在洗脸盆上发出清脆的声音时，坐在门槛上望着天空的儿童突然冲妈妈喊：“妈妈，听！听！洗脸盆说话呐。”这就是奇妙的童心描绘的美妙的诗。

在孩子的眼中，一切都是美好的，身边的一切，小朋友、学校、爸妈等等都让他产生幸福感，都让他快乐。这是一种单纯形态的幸福，是大人们在生活中苦苦追寻、即使是最大幸福也无法比拟的。

一个儿童摔倒了，揉着眼睛哭，另一个跑过去，不是把他拉

起，而是学他的样子故意摔倒在地，也揉着没有泪的眼睛，张着大嘴哇哇哭，哭一会儿，看看同伴。那个先摔倒的儿童看到他可笑的样子，忍不住破涕为笑了。

孩子们快乐，还因为他们对任何事情都拿得起，放得下。和小朋友吵架了，不会跟记仇的大人那样便老死不相往来。他们很快会忘掉，脸上抹着泪，又去拉小朋友的手了；即使是被家长训斥，哭了，也会很快破涕为笑；受到老师批评了，他们也不会总是怀恨在心。他们当哭则哭，当笑则笑，受到表扬，便高兴得又蹦又跳，受到批评便掉泪珠，绝不会掩饰和做作。

在生活中，成人保持童心，可以快乐工作，即便是天才们的发明和创造，很大程度上也是因为他们保持着一颗童心。他们知道“爱玩乐”是灵感的源泉，他们比普通人更知道怎样让自己内心的“孩子”出来亮相，不怕别人的议论。有时，他们能够完全地沉浸于幻想，就像他们在孩提时代常常走神一样。

伟大的人物保持一颗童心，会赢得人们的尊敬。

林肯当上总统后，接到一位小女孩的来信，说他不留胡子更好看。林肯接受了这个建议。当他乘坐的火车经过小姑娘居住的村庄时，特意停下来，看望小姑娘，让小姑娘看到他不留胡子的脸庞。

幸福感言

生活中保留一颗童心，可以收获意想不到的惊喜。

莫让失落的童心一度搁置。在这个纷繁复杂的世界中，保持一颗纯真的童心，女人的肩膀就不会再如此沉重，会拥有最开心的笑容。

22. 参加一次葬礼，体会生命的可贵

我们常常参加婚礼，却很少参加葬礼。殊不知，葬礼是生命的一种归属，是灵魂真正的安息。

曾经，《冰山上的来客》中那美丽的歌声“瓜秧断了哈密瓜依然香甜，琴师回来都它尔还会再响”，只是传唱着它的悠扬感人。怎能知道，有一天我们也会真的为一个生命送行。

当身边的同事不幸英年早逝，当身边的亲人在我们来不及看望就匆匆离去时，参加一次生命的送行，才真正体味到胸中似“雪崩飞落万丈”。因为，再不能看到他们熟悉的身影、可爱的脸庞，也再不能听他们弹琴歌唱。只有这个时候，才真正体味到生命的可贵。

我们年轻时因为自己的生命还很漫长，生活太精彩了，往往不会去考虑生与死的问题。年幼时总以为父辈们会永远年轻，常常不明白为什么以前那个鼓励女子出门闯世界的母亲，为何变得天天计算星期天，盼着儿子回家；不明白为什么常念叨着女儿嫁的地方太远的父亲，在她踏进家门时高兴得都有些手足无措。

那时年轻，年轻的心忘了，忘了时间的残酷，忘了人生的短

暂。等到有一天，我们觉得自己不再年轻时，父辈们已经老得面目全非了。

步入中年后，当我们回家时看到母亲那双青筋暴露的双手，心中忽然会有一种痛：一个曾经为全家做衣服纳鞋底的手，怎么居然像一棵树一样干枯了？曾经把我们抱起来扔得高高的强壮的父亲，何时头上布满白发，背都驼了？

看到父母亲日渐衰老的容颜，心中就有无法挽留的感叹。

生命的华美音符永远如此匆匆。假如有一天亲人们不能再为自己遮风避雨时，剩下的一段人生路，又该如何走过？既然生命本身有不堪一击的脆弱，既然看不到过去，也看不见未来，应该更加珍惜现在，这就是为什么生命如此可贵。

许多女人不知道浪费时间就是浪费生命，总是在青春年少时尽情挥霍，青春不再时又抱怨叹息。待到她们醒悟的时候，一大段的生命已经过去了，这是无法弥补的损失。

幸福感言

热爱生活的女人，不妨去参加一次生命的送行，真切地感受一下人们对死亡的态度，这样才会更加珍惜生命的每一刻，无怨无悔地度过自己的一生。

23. 为后辈留一本自己的人生履历

当自己不再年轻，当孩子们渐渐长大，为他们的成长留下点什么？是否想到为下一辈留一本自己的人生履历，像卢梭那样，拿起忏悔的笔，写出“世界上绝无仅有、也许永远不会再有的，能依照本来面目和全部事实”描绘自己的一部作品，那会让后辈们受益无穷。

回想自己年轻时走过的路，是否曾在命运的路口犹豫不决，往往在历经若干次绕道后，不知不觉已经老了。那么，在人生履历中写出一个真实的自己，告诉后代：短暂的生命经不起无为的浪费，不会反省的人往往会在同一个地方犯同一个错误。

小月 20 岁时到一家私营企业工作。一次随办公室主任出外洽谈，回来后，当老板问到她说话是否得体时，年近 40 岁的办公室主任却不顾事实，抢着向老板说了她一堆的不是。她有口难辩。因为她刚来一个月，而办公室主任已工作了 3 年，而且为建厂立下了汗马功劳。她只好离开那家工厂。没想到老板却对她说：恭喜你，你又有了一次锻炼的机会，可以重新选择人生。她虽有一些怨恨，但还是把老板的安慰记到了日记本上。

30 岁时，她在一家钢厂做业务员。起初因为她是女性，出差不方便，没人带她。她便一人踏上火车去外地要账，面对要赖不

给钱的客户，她毫不气馁，三天三夜没吃没喝要回了货款。但厂长却因为管理不善无法经营了，她再一次面临失业。经理却对她说：恭喜你，离 40 岁还有好几年时间，正是年富力强，可以大有作为。她半信半疑，在日记本上记下了这段话。

40 岁时，她不顾亲人的反对，成功收购了第一次工作过的企业。老板告诉她，当时辞她是因为办公室主任怕自己的地位受到威胁，她只是笑了笑说："她这样做考验了我，让我学会了顶住压力。"

那天，当她翻看过去的日记时，写下了感谢老板、办公室主任和经理的话：没有他们给我的机会，没有压力和鼓励，我不会有今天，感谢他们。人生就像登山，对于风雨，逃避它，可能被卷入洪流；迎向它，反而能获得生存！

以后，在 50 岁、60 岁时，她坚持记下了自己的得失，并时时翻看。有一天，在女儿 20 岁生日时，她作为生日礼物赠给了女儿。

幸福感言

为下一辈留一本自己的人生履历，这个本子就是自己人生的《忏悔录》，要真实地写出自己的观念、对生活的影响，把曾经发生的和可能发生的错误详细记录下来，因为只有真正面对自己内心的时候才是最真实的自己。

它是女人一生精神的延续，回味一下过去的事情，使后代以明得失，也可以计划一下未来，帮后代未雨绸缪，会启迪和指引后代的人生。

第二章

世态原该有炎凉，宽容忍让为女人解开千千结

女人一生风风雨雨，烦恼、困惑在所难免。一个女人要想在一生中走得潇洒、从容，就必须掌握宽容的艺术。宽容是一种修养，是经千百次忍耐而完成的一种修炼。在宽容中，女人才能真正获得解脱，得到幸福。

1. 女人一生路不平，一帆风顺需忍让

女人的一生风风雨雨，相对于男人来说，要经历更多的坎坷。在社会上，由于体力、生理、性别歧视等原因，女人更难获得社会认可，更不易取得成就；在家庭里，由于照顾孩子、家务劳动和与丈夫家人关系等原因，要承受更大的压力。在这些困难和压力面前，只有真正懂得忍让的女人，才能一帆风顺，生活幸福。

有这样两个妯娌：大嫂热情大度，尊老爱幼，经常帮助人；二嫂总是斤斤计较，心胸狭隘。一家人坐在一起吃饭，二嫂常常将菜往儿子和丈夫碗里夹；干家务活的时候，二嫂经常找一些借口溜走；就连在家看电视，二嫂也要占个好位置。遇到这些事，大嫂从来都不计较。

一天，大嫂给小姑子买了一件衣服。二嫂知道了以后，于是含沙射影地说家里“有人爱搞点小恩小惠笼络人”、“充当好人”等等。大嫂听了以后想，二嫂虽然有她的不对之处，可是自己也有考虑不周的地方。后来大嫂上街为二嫂的儿子买了一件玩具，

这才平息了二嫂的怨气。

有一次，二嫂不小心小腿骨折，要在床上躺几个月，而丈夫工作又太忙，没有人照顾她，她心里十分着急。想请大嫂帮忙，但一想到以前对大嫂做的过分事，就不好意思开口了。没想到，大嫂主动提出照顾二嫂和她的儿子。二嫂终于被大嫂的诚心感动，从此不再斤斤计较，二人相处融洽，家庭里一团和气。

可以说，生活之中，一个女人在很多情形下，要想获得幸福，一帆风顺，就必须学会忍的艺术。

在纷扰的工作中，处处有不平，只有宽以待人，才能脚下路好走。

人事部经理在离职之前，曾向公司推荐A女士代替自己，但最终坐在这个位子上的人却是B女士。有人为A女士感到不平，毕竟B女士无论从资历还是从学历或水平上都比不上A女士。但A女士笑着说，其实B女士有许多优点，活泼好学、聪明伶俐。B女士深知自己为了得到这个职位，使用了背后说坏话等不高明的手段，心里深感有愧。但大度的A女士却不去追究这些，在同B女士的交往中仍保持着友善的态度，令她既意外又感动。第二年的薪资评比，A女士得到了最高的加薪幅度，身为人事部经理的B女士在其中当然起了举足轻重的作用。不久A女士也被委派做了公关部的经理。

同样，在为人处世方面，只有忍住别人的误会，才能赢得世人的尊敬。

张大妈有两个邻居：小娟和小丽，她们平素关系不错。一天，小娟告诉小丽说："张大妈真是太过分了，自家的垃圾袋放在我家门旁边，而且好几天才清理一次，让人看了真恶心……"然而，她们的谈话正好被从门前经过的张大妈听见。第二天，张大妈便把垃圾袋移了位置，但对小娟的态度却极不友好，甚至给她脸色看。小娟误以为是小丽到张大妈面前挑拨是非，遂对小丽指桑骂愧。此时，小丽虽然肚里怄了一股恶气，但她强忍委屈，假装没有听见，直让小娟骂累为止。第三天，张大妈来到小丽家门前，被小娟窥见，于是，小娟便竖耳偷听张大妈跟小丽的对话。这时，小丽知道小娟在隔壁家中，遂故意提高声音问张大妈：“大妈，我怎么见你把垃圾袋移了位置，是不是听见别人说了什么呀？”张大妈回答：“前天，小娟在跟你说话时，我正好路过你们家门口，你们的谈话我听得一清二楚。说什么我过分，听了真让人生气。我上了岁数啦，腿脚也不太方便，图个省事，小娟有什么意见可以直接对我说，用不着背后说我呀！”小丽又说：“也许小娟不知道你的这些苦衷，她才那么说。其实，她可是一个热心而大度的好人，前一次你家丢的小猫还不是小娟帮你找回来的。我想只要她知道你的不方便，她会理解你的。”在小丽的劝说下，张大妈的气消了，还说自己也许真有些对不住小娟。这样，小丽不仅消除了小娟对自己的误会，并且，还调停好了张大妈跟小娟的关系，可谓一举两得。可见，小丽真是一个深知忍让真谛的处世高手。

幸福感言

忍让不是软弱，而是一种做人的艺术，这既能避免矛盾，又能赢得信赖和尊重，所以，一个会做人的女人，一定要懂得忍让之道。

2. 宽容自己是女人对自己最大的解放

一个女人犯了错，已是不幸。而更大的不幸，则是背着心灵的包袱走完一生。智慧的女人，能原谅生活，是为了更好地生活。

英子是一个十分纯洁保守的女孩子，在一次外出郊游时，由于一时感情冲动，没有把握好自己，与热恋中的男友发生了性关系。若他们最终能结合也就好了，可是由于多方面的原因，他们并没有一起牵手走上红地毯。英子对自己曾经的行为悔恨不已，她痛恨自己的意志不坚定，也痛恨那次让她觉得“耻辱”的郊游。她对自己的失贞总是耿耿于怀，始终走不出自己内心的阴影，使她在以后的婚姻旅途中十分不幸。她不能宽恕自己，也不能接受别人，以至于40岁的时候还在婚姻的大门外痛苦地徘徊。

还有另一个因为不能宽恕自己而终生不幸的女人。一年夏天，慧芳去村前的小河里洗衣服，由于正是农忙时节，家里没有人帮她照看小孩，她就把刚刚会爬的儿子也带了去，让他在河边不远的草地上玩。也许是她太专注手里的工作了,孩子爬到河边她都没有发觉。当她觉得情况有些异常，再去找寻孩子的时候，孩子早已被河水冲走了。最后在小河下游的草丛中找到了儿子的尸体。

儿子的意外死亡给慧芳以沉重的打击，她悲痛欲绝，撕扯着自己的头发，捶打着自己的腿，哭喊着说自己杀死了儿子。她始终不能放弃对自己“失职”的愤恨，日积月累，最后成了又一个祥林嫂。

人生最不幸的事，可能就是背着心灵的包袱走路了，而女人似乎又是天生的“心胸狭窄”，许多女人都有“遇事想不开”的心理倾向，当有人劝她们想开些时，她们总是一副很认真的样子对劝说者说：“宽恕别人是一种美德，宽恕自己无异于自杀!”其实在她们对自己进行惩罚的时候，作为她们的亲人们，是否也正在受着心灵上的煎熬？谁会希望在失去一个的同时，又失去另一个呢!

幸福感言

许多女人都有“遇事想不开”的心理倾向，当有人劝她们想开些时，她们会说：“宽恕别人是一种美德，宽恕自己无异于自杀！”这种不肯宽恕自己的女人将背着心灵的包袱终生受累。

3. 懂得放弃的女人，能得到更多的幸福

放弃，对于女人来说是最痛苦的，尤其是放弃爱情或者婚姻，因为这两者都是女人心中最重的砝码。也许放弃是一种无奈，很痛苦，但也不乏是一种智慧。因为，放弃之后也许会得到更多。

女人对于爱情的放弃是一种智慧！

缘生缘灭，缘起缘落。

美丽的相识缘于美丽的空间。

在雨过天晴的午后，七色的彩虹映着你幸福的笑脸，你挥洒着汗珠为我播种鲜花、芳草；你将沾满雨珠的荷叶顶在我扎着小辫的头上，水珠儿顺着我鼻尖往下滴；你背着我的行囊准备跋涉千里。

真的，真的不希望这一切是梦。可美丽的梦都是容易破碎的，美好的只能远远地欣赏，不能占为己有。

女人对于某种生活的放弃也是一种智慧！

有所为就有所不为。有所得，就必有所失。什么都想得到，最终什么也不会得到，甚至会失去一切，包括生命。上帝是公平的，他给你关上一扇门，就会为你打开一扇窗。瞎子的耳朵最灵，因为眼睛看不见，他必须竖着耳朵仔细听，久而久之，就会练就一双灵敏的耳朵，弥补眼睛的不足。生活中也一样，你想得到一些东西，就必须选择放弃一些东西。比如爱一个人，为了他的幸福快乐，你就得放弃一些东西。

想起每一次为你所爱的人放弃某一个心仪已久的朋友，放弃某种投入，放弃某种心灵的渴望，放弃某种思想，这时就会生出一种莫名的伤感，然而这种伤感并不可怕，在自己的世界里将音乐一遍又一遍地听，将故事一遍又一遍地说！因为这是一种告别与放弃。

女人的放弃是一种伤感的美丽！曾经有过的种种感觉，让它成为永远的过去。许多年以后，才真正悟出：原来把握在手的不一定就是我们真正所拥有的，我们所拥有的也不一定就是我们真正铭刻在心的！所以，明白人生很多时候都需要一种自觉的放弃！

聪明的女人懂得放弃，真情的女人懂得牺牲，快乐的女人懂得超脱！当几十年后知道自己曾经所爱的人仍然好好地过生活，那该是怎样的心满意足！“我不是因你而来到这个世界，却是因为你而更加眷恋这个世界。如果能和你在一起，我会对这个世界满怀感激，如果不能和你在一起，我会默默地走开，却仍然不会失掉对这个世界的爱和感激——感激上天让我与你相遇与你别离，完成上帝所创造的一首诗！”如果当年不懂得放弃，强求那份不属于自己的爱，也许现在你正在痛苦的深渊里挣扎。

可见，懂得放弃的女人，也许更能得到幸福。

放弃的过程是痛苦的，但它的果实是香甜的。的确，当我们真的要放弃一些我们经过努力才得到的东西时会很难，这好比蛹要转化成蛾需经痛苦的蜕变一般。如果我们畏首畏尾，什么都舍不得放下，我们的人生答卷将是一片空白。让我们学会放弃吧，尽管这需要我们绞尽脑汁，做出艰难的选择，但我们将收获成功的喜悦。

当然，作为女人，我们并不能盲目地一味放弃，那无异于拿自己的努力去开玩笑。我们需要做的是：放弃那些本不属于自己的抑或看似美好实为阻碍我们前进的东西，然后重新确定目标，锐意进取。

幸福感言

当女人放弃那些该放弃的东西，达到既定的目标时，再回过头来重温自己当年勇于放弃的果敢，便会在蓦然回首中发现：女人的放弃，是一种美丽。

4. 气度与平常心是女人的智慧之美

智慧的女人是美的化身，是美的天使，而气度与平常心是这种美的最有力表现。

广东电信公司副总经理、世纪龙（21cn.com）信息网络有限责任公司副董事长陈嫦娟深有感触地说过：“女人做事真的很难，除了要克服大家可能要遇到的困难外，还必须要克服女性自身的一些弱点，比如女性的心胸不够开阔，宽容心可能相对少一些，在感情上可能更情绪化一些等等。再者女性必须克服自身的惰性，克服满足和依赖的心理，要不断地学习，不断地创新。如果女性能克服这些弱点，并且很投入地工作，照样能成就一番事业。”

气度与平常心对女人至关重要，有了平常心，才能在生命的历程中从容不迫、处变不惊，才能面对生活的不公，人世的坎坷。很难想象一个心胸狭窄的女人能在职场、日常生活中谈笑风生。没有气度的女人是很难成事的，因为没有气度便不能容人容事，也就不会有好的人际关系，当然也就很难取得好成绩。

女人并不比男人笨，但为什么女人的成功率却大大低于男人呢？除了传统性别的差异外，最主要的原因是女人自身心理因素

造成的。因此，无论你是作为领导者还是被领导者，保有一颗平常心一种大气度非常重要。下面这个例子很能说明问题。

公司公布了裁员名单，内勤部办公室的刘娜和方静在裁员之列，她们将在一个月后离岗。

那天，同事们看她俩都小心翼翼，更不敢和她们多说一句话，因为，她俩的眼圈都红红的。这事摊到谁身上都不好受。

第二天上班，刘娜的情绪很激动，谁跟她说话，她都没有好脸色，像吃了一肚子的火药，逮着谁就向谁开火。裁员名单是老总定的，跟其他人没关系。刘娜心里也明白，可就憋气得难受，又不敢找老总去发泄，只好拿杯子、文件夹、抽屉出气。

不绝于耳的响声，把同事的心提上来又摔下去，办公室的空气都快凝固了。人之将走，其行也哀，谁忍心去责备她呢？

刘娜仍不解气，又去找主任诉冤，找同事哭诉。

“凭什么裁我呀？我干得好好的……”说着说着，滚下泪来。听的人心里也不好受，恨不得一时冲动让自己替下刘娜。自然，办公室订盒饭、传递文件、收发信件，原来是刘娜做的，现在却无人过问。

不久，听说刘娜托了一些人到老总那儿说情，好像都是重量级的人物，刘娜着实高兴了好几天。不久又听说，这一次是“一刀切”，谁也通融不了。刘娜再次受到打击，她变本加厉，怨恨的目光在每个人脸上刮来刮去，好像有谁在背后捣她的鬼，她要把那人用眼钩子勾出来。许多人开始怕她，都躲着她。刘娜原来很讨人喜欢的，现在，她人未走，大家却有点讨厌她了，巴不得她快走。

同样的，裁员名单公布后，方静也哭了一晚上，第二天上班她也无精打采，可一打开电脑，她就和平常一样地干开了。方静见同事不好意思再让她做什么，便特地跟大家打招呼，主动揽活。

她说：“是福跑不了，是祸躲不过，反正这样了，不如站好

最后一班岗，以后恐怕想干都没机会了。”方静心里渐渐平静了，仍然勤快地打字复印，随叫随到，好像没有发生过裁员的事。

一个月满，刘娜如期下岗，而方静却被从裁员名单中删除，留了下来。主任当众传达了老总的话：“方静的岗位，谁也无法替代，方静这样的员工，公司永远不会嫌多!”

心胸狭窄，遇事情绪化的女人，常常令人生厌。相反，拥有平常心、大气宽厚的女人却能给人一种纯净、典雅的美感，更能获得信赖，得到成功。

幸福感言

其实，作为一个女人，不要指望自己的每一次付出都必然得到回报。如果你抱着一颗平常心，放开自己的胸怀，拿出自己的气度，在日常的工作、生活中，多多体谅别人，只管耕耘，少问收获，你最终必然会得到回报，而且是各方面的丰厚回报。

5. 把别人的刁难看作是对自己的成全

在工作和生活中，一个女人遇到别人的刁难和中伤是必然的，但智慧的女人，把这种刁难和中伤看作是对自己的成全，总能从中获得动力，最终证明自己，赢得别人的信赖。

韩婷最近心里特别苦恼。由于她工作努力，能创新，肯吃苦，前不久被提升为企划部经理。她特别兴奋，准备放开手脚大干一场。可是当她的高兴劲还没有过去的时候，烦恼便来了。自从她当经理以后，她总是觉得同事们都不像以前那样和谐友好了，以前大家在工作之余，总是凑一起说说笑笑的，关系很融洽。可是最近，同事们对她敬而远之，即使碰面打招呼，脸上也是毫无表情，冷冷的。而且她还隐隐约约听到有人在议论她，议论她的学历不高，议论她的工作质量。甚至有些资历老的同事在工作中故意刁难她。她明白，在很多同事的眼里，她以前的那些努力只不过是在讨好老总，他们很多人都怀疑她的水平和能力，对她的提升感到心理不平衡。

由于她的心里顾虑重重，精力总不能集中，工作上老是出差错。这给她的压力很大，她很苦恼，甚至有退却的想法。这一天，总经理以朋友的身份把她约到了一家咖啡厅。

“小韩啊，最近精神这么差，是不是家里发生什么事啦？”

“没有!”迎着总经理信赖而关切的目光，她委屈的眼泪涌了出来。

“是不是工作上出现什么问题了？”总经理接着询问道。

韩婷在总经理的追问下，终于把心里的委屈一股脑儿倒了出来，总经理没有多说别的，只是给她讲了一则禅宗大师的故事。

有一位法师刚刚开始弘扬佛法，还没出名时，受到其他法师别有用心的极力打压，处处排挤，不让他在当地佛教界内有立身之地。于是他便走入民间，走向外地，广传佛法，并取得很大的成就，成了人人敬仰的大师。大师在后来的回忆中，却对那些曾经打击他的人不计前嫌，反倒充满感激，他说：“他们害我，其实是在成就我！”

总经理在讲完这则故事后对韩婷说：“人常说，知人知面不知心。生活中被人使绊子的事随处可见，关键看你怎样对待，如果你终日受他们的影响而松懈了自己的正事，那才叫失败呢!”

自从与总经理的这次谈话之后，韩婷终于又找回了以前的自己，她不仅在日后的工作中证明了自己的出色，而且也以她的大度赢得了同事们的信赖。现在她活得很快乐。用她自己的话说，她用她的宽容和忍耐，把别人的刁难陷害看做是磨炼自己的方式，从而赢得了成功。

幸福感言

每一个女人在生活或工作中，都会遇到这样或那样的非难，这很正常。关键是你怎样看待它，把它当作动力，你就成功；把它视为压力，你就失败。

6. 不妨做个“糊涂”女人

经常斤斤计较、生气烦恼的女人很让人讨厌，但也很可怜。生活不可能没有麻烦，矛盾和不幸随时都可能出现，但怎样才能调节好自己的情绪，避免这些不幸和烦恼呢？其实很简单，不妨做个“糊涂”女人。

当今社会不精明就要吃大亏，那为什么还要提倡“糊涂”呢？这不是说让一个女人真糊涂，而是对一些生气烦恼而无济于事的情况，就要学会糊涂对待。“糊涂”既可使矛盾冰消雪融，又可使紧张的气氛变得轻松、活泼，从而保持心理上的平衡，避免许多疾病的发生。当你处于困境时，“糊涂”一点能使你保持心胸坦然、精神愉快，减少不必要的压力，还可消除生理和心理上的痛苦和疲惫。

爱情和婚姻对女人来说至关重要，有些时候，做一个“糊涂”的女人，才能获得甜蜜的爱情和美满的婚姻。

我们常听一些女人发出这样的感叹：“不知怎么搞的，糊里糊涂地就和他结婚了！”谈恋爱时，男人信誓旦旦，爱你到永远，女人则一日不见，如隔三秋，一团火烧在两个人的心中，把两个人烧得傻里傻气，疯疯癫癫，呓语连篇。男人发誓说：“我要把月亮摘下来给你当梳妆镜！”女人相信了。男人又发誓说：“我要

把天上的星星摘下来做你的项链！”女人幸福地又相信了。对于初涉爱河的女人，男人的誓言就是甜蜜的明天。她们明白摘月亮摘星星是男人永远实现不了的空口诺言，但她们更明白这是男人们许诺给她们的体贴和温暖。

有个人刚刚恋爱时，曾对女朋友发誓说：“这世界上只要别的女人拥有的，我也一定让你拥有；别的女人不能够得到的，我也一定让你得到!”于是，她就高高兴兴地嫁给了他。结婚几十年了，不说别的女人没有得到的他没有让她得到过，就连别的女人拥有的他也没能让她全部拥有。他问她：“难道你那时不知道这只是无法兑现的诺言吗?”她笑着说：“我干吗要弄得这么清，爱情有时也难得糊涂呀。”

其实，仔细想想，男人的爱情誓言差不多全是无法实现的。如果女人认真起来，略作考证便可将男人的许诺驳得体无完肤，但女人竟然乐于相信它。不得不承认，女人的这种糊涂，某种程度上体现了女人的精明。她们面对男人那一堆一堆的爱情诺言不作批驳，反而自己十分认真地从中寻找被爱的温暖和幸福，她们一方面“糊涂”着，一方面体味着爱情的甜蜜。

有一位很漂亮的女士，如今已是不惑之年，人们都羡慕她的理智和聪慧。可在爱情和婚姻方面，她是一个失败者，她先后谈了多少男朋友，她自己也说不清，到头来还是形单影只。男朋友对她说：“房子问题很快就解决了。”她便会深入男朋友的单位调查，然后批驳说：“分房子根本就没有你的份！”男友向她说自己很有可能要提升，她又找男朋友的同事左论证右考察，最后批驳说：“你这是白日做梦。”虽然她很漂亮，也很能干，但她的男朋友像走马灯似的一个个走开了。谈到她的婚姻，大家都喟叹说：“她太清醒了。”

“水至清则无鱼，人至察则无朋。”这同样适用于爱情。人无完人，爱情也不可能完美，太清醒了也许就没有轰轰烈烈的爱情了。我们汉字的“婚”字，拆开来看，就是一个“女”字和“昏”字，这很让人玩味。假若女人不昏了头，说不定这世上就没有爱情和婚姻了。

所以，对于世事沉浮，郑板桥采取的是“难得糊涂”。我想女人要想幸福也应如此。

那么，怎样才能做个“糊涂”女人呢？

①看问题要一分为二，不要看“死”。

②不斤斤计较，不过于注重生活琐事。

③培养广泛兴趣，如书法、绘画、种花等，择其所好，修身养性。

④不要经常无缘由发脾气，遇事量力而行，有自知之明，相信别人，为别人着想。

⑤要学会巧妙地应付各种复杂多变的环境，以保持心理平衡，维护身心健康。

幸福感言

世上没有十全十美的事，人生也不可能事事如意。所以，做一个“糊涂”女人也很幸福。如若不然，你只能做生活的痛苦者、爱情和婚姻的失败者。

7. 女人应掌握的六种宽容之法

要想做一个快乐的女人，就应试着让自己拥有一颗宽容的心，让心绪变得平和，使自己能够理解别人。人人都渴望得到理解，得到宽容。想不通的事情，换个位置，站在对方的角度上去思考、去评判，也许能找到宽容的依据。眼里容不得沙子的女人不会看得很远，不会原谅别人，别人也不会原谅她。动辄出口伤人、训人、损人，这样的女人的日子肯定不会好过。

不斤斤计较，懂得宽恕的女人，别人才能悦纳她。若她也有错，才会有人理解她，原谅她，那么，怎样学会宽容呢？

(1) 退一步海阔天空

人生好比行路，总会遇到道路狭窄的地方，每当此时，最好停下来，让别人先行一步。如果一个女人心中常有这种想法，那她的人生就不会有那么多抱怨了。即使终身让步，也不过百步而已，能对人生造成多大影响呢？你经常让人一步，别人心存感激，也会让你一步，即使一条小路对你来说也会是通衢大道。你事事不肯让人，别人心怀怨恨，就会设法阻碍你、损伤你，即使是一条大路，对你来说也充满险阻。人与人之间往往是心与心的交往，诚心换来的是真情，坏心换来的是歹意。

（2）不要一味指责别人

作为一个女人，当你和别人的关系处理不好、或者和别人发生矛盾时，不要一味指责别人、怨恨别人，而要反省自己的言行是否有不妥的地方，是否对别人造成了伤害。时存自省之心，心地必然宽敞。

（3）处事大度

遇事多宽容，设身处地多为别人着想，不可以斤斤计较。人与人交往难免有个言差语错，或你长我短的，动不动就借题发挥，闹矛盾，扩大事端，这很容易破坏彼此的人际关系。有的女人度量小、心眼窄，说句不客气的话叫鼠肚鸡肠，对人不记大德，专记小怨，不管别人对她怎么好，不大记在心上，得罪了她，无意冒犯了她，于是，耿耿于怀，没齿不忘，或者当面顶撞，或者过后算账，不肯善罢甘休。有的女人不能受一点委屈，稍受点委屈就咽不下去，非要雪耻不可，这样针尖对麦芒，谁还敢与你交往，与你为友。

（4）不要伤对方的心

人的自尊心比金钱更重要。一个人如果失去些许金钱，尚可忍受，一旦自尊心受到损害，就无法预测他将会干出什么事来。有时候，本无存心伤人之意，却可能因一句无意的话伤害别人，

甚至可能为自己树立一个敌人，这是多么的不值得。

（5）不要苛求

人无完人，金无足赤，任何人都可能犯错，所以对于别人的过错，要多采取容忍的态度。你对别人的容忍，会取得别人的一种理解，进而产生一种感激之情，问题便可以顺利解决。当然，现实生活中的情况是千变万化，难以预料的，全在你掌握分寸，灵活处理。

（6）不要表现得高人一等

与人交往时，如果好胜心太强，就会表现得高人一等，不尊重别人的才能，轻视别人的劳动，就会无意间给自己招来麻烦。如果遇到必须取胜、无法让步的事，那也要给别人留一点余地，比如与人争辩，以严密的辩论将对方驳倒固然令人高兴，但也没必要将对方批驳得体无完肤。这样做不但对自己毫无好处，甚至会自食其果，遭到对方鱼死网破式的反击。当我们和他人发生摩擦时，首先要了解他的想法，然后在顾及对方颜面的前提之下，陈述自己的意见，给对方留有余地。这一点在女人处理人际关系时非常重要。

幸福感言

生活中有很多使人无奈的事，对不起自己的事，委屈在所难免。如果一个女人不学会宽容，那她就会陷入无穷无尽的烦恼中，永无解脱之期。

8. 原谅生活的悲伤，其实就是解脱自己

当一个人受到不公平的待遇或者心灵受到很大的损伤之后，他自然会对伤害者产生怨恨情绪。而且女人常常比男人更易产生怨恨的情绪。一个离婚的女人希望她的前夫和新妻子的生活充满苦难；一个离职女子希望那位出卖了她的朋友被解雇。怨恨是一种被动的和侵袭性的东西，它像一个不断长大的恶性肿瘤，使女人失去快乐，损害健康。

王丽毕业后，在某合资公司外贸部供职，不幸遇到了一个溜须拍马、什么本事都没有的主管。此人每天下班后不管有没有事，总要跟着日本经理拼命“加班”，无事生非，把白天理好的文件弄得一团糟，转眼出了错，又把责任全部推给王丽。王丽不是一个会“争”的女孩子，只好忍气吞声等日本经理长出“火眼金睛”，结果等了三个月，还是等不来一句公道话。而她的马屁精主管反而变本加厉。

一气之下，王丽就跳槽去了另一家外资公司。在那里，她出色的工作博得了许多同事的称赞，但无论如何也没法使苛刻、顽

固的李经理满意。心灰意冷间，她又萌动了跳槽之念，于是向韩国总裁递交了辞职信。总裁先生没有竭力挽留王丽，只告诉她自己处世多年得出的一条经验：如果你讨厌一个人，那么你就要试着去爱他。

王丽虽然留下却仍然讨厌李经理，但已努力适应他，并以欣赏的眼光去发掘他的优点。她说："我现在想通了，作为一个成熟的人应该放开胸怀去包容一切，爱一切。换一种思维看人生，你会发现，乐趣比烦恼多。"

卡耐基说："如果你不喜欢他人，有个简单的方法可以教化这种特性：寻找别人的优点，你一定会找到一些的。"释迦牟尼也说："以爱对恨，恨自然消失。"如果你想做个受欢迎的女性，那就试着去爱你不喜欢的人吧，他们也会喜欢你的。

怨恨，更多地伤害了怨恨者自己而不是被仇恨的人。因此，为了我们自己的缘故，这个肿瘤必须切除。

然而，这个肿瘤又如何能割除呢？其实，方法只有一个，那就是两个字：宽恕。

下面我们就探讨如何做一个宽恕的女人：

（1）正视并抛弃怨恨

没有女人愿意承认自己恨别人，所以我们就把怨恨深埋在心底。但怨恨却在平静的表面下奔流，默默地蚕食我们的心智，损伤我们的感情。承认怨恨，就等于强迫我们对灵魂施行手术以求早日康复，即做出宽恕的决定。我们可以坦然地对伤害自己的人说："你伤害了我，但我决定忘记这件事情。"此时，我们会感到如释重负，轻松愉快。

丹妮是美国一所大学的一名副教授。她是一个很称职的老师。然而，她的系主任在他向教务处提交的报告中却严厉地批评了丹妮的工作，以至于教务长对她说："走吧，你只好另谋

职业去了。”

丹妮恨透了系主任对她的诋毁。但她还要从他那里得到一纸推荐书，以便另谋工作。当系主任对她说：“真抱歉，尽管我在教务长面前为你说了许多好话，但仍然不能使教务长满意你，反而把事情弄得更糟。”她假装相信他的话，但她难以忍受这口怨气。一天她将这口怨气直接向这位系主任吐露了，而他却断然否认了这件事。这使她看出他是多么虚伪多么卑微的人。于是她感到和他生气不值得，并最后决定把这桩事情抛在一边，开始新的生活，因为丹妮发现怨恨系主任只是对自己的惩罚。

（2）设身处地，学会理解

每个人做错事，都会有原因的。当你能对他当时的处境有所理解时，你也许会原谅他。琼是一个 17 岁的少女，她小时候就被自己的亲生父母送给了别人，对此她十分愤恨。她不明白为什么她就不值得父母来抚养自己。后来她才知道她的生身父母很穷，并且生她时还是未婚。

后来，琼的一位朋友未婚先孕了，在担惊受怕的情况下，她把婴儿送给了别人抚养。琼分担了她朋友的痛苦，并且意识到在这种环境下这样做是最好的办法。这使她逐渐认识到她自己的父母那样做也是对的——他们自己没有能力抚养孩子，他们把自己的孩子给别人抚养，这也是为孩子好。琼对自己父母的新看法促使她的怨恨逐渐降低，并最终谅解了生身父母。从此她更看重自己有价值的人生了。

（3）忘掉过去

一位漂亮的女演员几年前在一次车祸中成了残废。一直对她很好的丈夫，在她最需要帮助的时候，却冷酷而迅速地离开了她。

于是，她时而沉湎在美好往事的回忆之中，时而咬牙切齿地诅咒离她而去的丈夫，情绪非常低落。但最终她还是宽恕了她的丈夫。她说：“如果我只是终日地沉湎于对他旧日的情爱的回忆之中，整天只是怨恨他的冷酷。那么，我只有终日流泪的份，于我的身体有害无益。忘掉过去，我需要的是获得未来的幸福。”后来这个女演员在朋友的帮助下改行搞剧本创作，几年后终于写成了蜚声美国文坛的《记忆中的安大略》，她就是在当代文学史上很有影响的美国作家维·格丽斯。正是忘掉过去，格丽斯才找回了昔日的鲜花和荣誉。

幸福感言

宽恕别人，其实是解脱自己。一个不能原谅别人的女人，她只能让自己的心灵饱受折磨，痛苦终生。

9. 报复让女人活在噩梦里

女人一生感情上最大的痛苦莫过于丈夫有了外遇。若丈夫真有外遇，该怎样处理才是明智之举呢？以柔克刚，宽容理智是最有效的方法之一。若又哭又闹，甚至失去理智，干出傻事，那就太不值了。

曾有一个身处高位的老干部，偶然认识了一个别有用心的女人。那个女人几次三番借口有事找他，混熟以后，终于有一天，那女人支走了警卫员和司机，把他拉下了水。这事被他的老伴知道了。老伴非常痛苦，就找她的老姐姐诉苦，她的老姐姐就劝她说：“如果你还想同他过下去，就千万别再火上浇油了——哭闹着找到单位告到上级，那就把他的退路堵死了。他本不想娶那个女人，可是你这一闹，逼得他也只能横下一条心，上刀山下火海也得和你离婚！我觉得你应克制自己，心平气和地找你那老头子谈一下，老夫老妻的，什么话都好说，只要想法子摆脱那个女人就行。”老干部的老伴听取了老姐姐的劝告，终于老两口又和好如初。

有这么一个案例，一中年妇女在家中，用菜刀将熟睡中的丈夫杀死，然后自杀未遂。

她为什么会杀死自己的丈夫呢？说来话长。20多年前他们结婚，过着虽清贫但却很恩爱的日子。后来丈夫被企业委培上大学，妻子靠微薄的工资辛辛苦苦地抚养两个儿子，由于长期的营养不良和操劳过度而得了许多病。

委培回来的丈夫步步高升，最终当了总经理。当了领导的他开始和妻子缺少共同语言了，在公共场合风度翩翩的丈夫与笨拙土气没见过大世面的妻子，形成鲜明的对比。

后来，丈夫在外面有了一个叫张丽娜的情人。这事慢慢被妻子知道了。妻子和丈夫大吵大闹起来："你这样做，还有点良心吗？我把一切都给了这个家，你对得起我吗？"丈夫死活不承认，两人进入冷战状态。

丈夫的工作调到上海，妻子高兴极了，以为总算可以安心地过幸福日子了。后来才得知，那个张丽娜也早就调到上海。妻子气疯了，冲进客厅，举起新买的音响就往地上一摔，接着又操起一把椅子往冰箱上砸去，丈夫上前一把抢过椅子，妻子坐在地上号啕大哭……

从此，妻子每天只有一件事，那就是用凶狠的眼神盯着丈夫说："把那个狐狸精弄回去!"弄得丈夫恼怒异常、狼狈不堪。不久，她就退休了，整天待在家里无所事事，更加胡思乱想，发誓要同丈夫闹到底！有一次丈夫说要出差，她认为是和那个女人去约会，就一气之下，烧了丈夫公文包里的票据。妻子那暴躁的脾气、猜疑的性格早已令丈夫失望至极，他不奢望从她那里得到什么理解和默契了。

他害怕回家，每逢双休日，都独自外出溜达。这更让妻子受不了，便天天同他吵，到他单位闹，甚至剪坏一堆堆的衣服，已经把自己折腾成精神病了，终于在一天夜里杀了他……

这真是一个悲惨的故事，令人感叹不已。其实何苦呢？干吗要死钻牛角尖，难道没有丈夫就不活了吗！这也许是因为她付出的太多，她在人生的赌博中已输尽了自己的青春，她再也没有什么可输的了，到最后只有鱼死网破了。

其实，人永远是可以重新开始生活的。只是不要把全部的希望寄托在别人身上，只有自己才能拯救自己。在上述故事里，丈夫的改变是很有可能的，那是环境和地位改变的结果，作为妻子是无法扭转过来的，最明智的做法就是改变自己，调整自己的心态。

丈夫当时并不想离婚，只是想从一个善解人意的女人那里寻求慰藉。做妻子的根本没有走到世界的末日，她可以有两种选择：一是主动提出离婚，可以获得相当的物质补偿，要房子要钱，丈夫多半会同意，然后去寻找一种适合自己的生活方式。二是在感情上放丈夫一马，以柔克刚，宽容为怀，想方设法拉回丈夫的心。若她不尖酸刻薄，依然保持自己贤淑的本色，丈夫自会受到良心的谴责。又加上孩子、地位、声誉等等因素，他不会轻易抛弃这个家的。随着时间的推移，夫妻一定会重归于好。

对丈夫的外遇，如果妻子不想离婚，千万不要大吵大闹，撕破脸把事情搞僵，若这样做，就再也没有回旋的余地。更没有必要千方百计地去报复他，结果两败俱伤，以致悔恨终身。聪明的妻子，不如装作不知道，给他留面子，采取一些措施，与他更和缓地相处。可以利用孩子不动声色地从中做做调和工作，对于已有多年感情的夫妻一定会有效果。

幸福感官

报复是一把双刃剑，伤到别人的时候也会伤到自己。当一个女人遇到感情上的伤害时，报复对方是最不明智的选择，这种鱼死网破的做法也许能解一时之气，但结果只会让你悔恨终生。

10. 别为鸡毛蒜皮较真

女人由于自身的一些弱点，喜欢斤斤计较，心胸相对于男人没那么开阔，许多琐碎的小事经常放在心上，特别认真，搞得别人不痛快，自己也难受，这又何必呢？何不放开心胸，豁达开朗，做个快乐女人！

戴尔·卡耐基是处理人际关系的高手，然而在他年轻时，也曾在为人处世方面犯过小错误。在他的回忆中有一段话：我参加过一个晚宴，宴席中，坐在我左边的一位先生讲了一个幽默故事，并引用了一句话，意思是“谋事在人，成事在天”。他说他所引用的那句话出自《圣经》。我知道他错了，因为我能确定它出自何处。为了表现自己，我纠正了他的错误。他立刻反驳道：“什么？出自莎士比亚的作品？不可能！绝对不可能！”那位先生一时非常尴尬，不禁有些恼怒。

当时我的老朋友法兰克·葛孟坐在我右边。他对莎士比亚的著作研究颇深，于是我就向他求证。葛孟在桌下踢了我一脚，然后说：“戴尔，你错了，这位先生是对的。这句话出自《圣经》。”

在回家的路上，我问葛孟说：“法兰克，你明明知道那句话出自莎士比亚，为什么说谎？”

他回答："那句话是在《哈姆雷特》第五幕第二场。可是亲爱的戴尔，我们都是宴会上的客人，为什么要证明他错了？那样会使他很难堪。他并没有征求你的意见，为什么不保留他的脸面？"

作为一个女人，应大气一点，对于一些小错误，放过去，无关紧要，那就没有必要去纠正。这样不但能保全对方的面子，不会破坏正常的谈话氛围，还能使你有意外的收获——在对方和在场的人的心目中建立良好的印象。一个女人虽不能玩世不恭，游戏人生，但也不能太较真，认死理。"水至清则无鱼，人至察则无朋"，太认真了，就会对什么都看不惯，也就无法在这个社会上生存。

人非圣贤，孰能无过。与人相处就要互相谅解，经常以"难得糊涂"自勉，求大同存小异，有度量，能容人，这样才能广交朋友，左右逢源，办事顺利；相反，"明察秋毫"，眼里揉不得半粒沙子，刻薄挑剔，什么鸡毛蒜皮的小事都要论个是非曲直，容不得人，这样，人人都会躲着你，谁也不愿和你交往，你就成为使人唯恐避之不及的刻薄女人。古今中外，凡是能成大事的女人都具有一种优秀的品质，就是能容人所不能容，忍人所不能忍，团结大多数人。她们胸怀开阔，豁达而不拘小节，大处着眼而不会鼠目寸光，从不斤斤计较，纠缠于非原则的琐事，所以她们才有精力成大事、立大业，使自己成为女中豪杰。

不过，要真正做到不较真、能容人，也不是容易的事，需要有良好的修养，需要善解人意，需要站在对方的角度设身处地思考和处理问题，多一些体谅和理解，就会多一些宽容，多一些和谐。

有位朋友总抱怨她家附近商店里的售货员态度不好，像谁欠

了她钱似的。后来，朋友偶然知道了女售货员的身世：丈夫因出车祸死了，老母亲瘫痪在床，上小学的儿子患哮喘病，她每月只能开五百多元工资，一家三口住的是一间十几平方米的小平房。难怪她一天到晚愁眉不展。这位朋友从此再不计较她的态度了，甚至还想帮她一把，为她做些力所能及的事。最后，她们还成了好朋友。

女人的家庭观念都很强，家是女人生活的重要组成部分，但家里面难免有矛盾。清官难断家务事，如果一个女人在家里事事较真，那就愚不可及。亲人之间哪有什么原则、立场的大是大非问题，都是一家人，非要分出个对和错来，又有什么用呢？人们在单位、在社会上充当着各种各样的角色，但一回到家里，就应脱掉你所扮演的这一角色的“行头”，即社会对这一角色的规矩和种种要求、束缚，还原了你的本来面目，使你尽可能地享受天伦之乐。假若你在家里还跟在社会上一样认真、一样循规蹈矩，每说一句话、做一件事还要考虑对错，顾忌影响、后果，掂量再三，那不仅可笑，也太累了。心里一定要清楚，在家里你就是妻子，是母亲。所以，处理家庭琐事要采取“绥靖”政策，以安抚为主，大事化小，小事化了，和稀泥，当个笑口常开的和事佬。具体说来，妻子对丈夫的懒惰等种种难以容忍的毛病，应采取宽容的态度，切忌唠叨起来没完，嫌他这、嫌他那，也不要丈夫偶尔回来晚了或有女士来电话，就给脸色看，鼻子不是鼻子，脸不是脸地审个没完。看得越紧，逆反心理越强。索性大度地放开，让他潇洒去，看他有多大本事，外面的情感世界也许会给他教训，只要你是个自信心强、有性格有魅力的女人，丈夫再花心也不会离开你。就怕你对丈夫太“认真”了，让他感到是戴着枷锁过日子，进而对你产生厌倦，那才真正会发生危机。家里是避风

的港湾，应该是温馨和谐的，千万别把它演变成充满火药味的战场，狼烟四起，鸡飞狗跳，关键就看你怎么去把握了。

在人际交往、工作、生活中可能发生的小错误很多，如将你的姓名搞错，或者在谈话所表述的内容上，把“3元钱1公斤”说成是“4元钱1公斤”、“托尔斯泰”说成了“泰戈尔”等，诸如此类鸡毛蒜皮、无关大局的小错误，大可不必去当面纠正，假装没有发现好了。这是一个真正聪明的女人做人的智慧。

幸福感言

生活是丰富多彩的，人容易犯的小错误也是五花八门的，并且是随时随地的。如果一个女人，对这些小错误抓住不放，那她就可能成为世界上活得最累的一个。

11. 希拉里——宽容让女人成为人生舞台的胜利者

宽容的女人就一定要给生活充分的空间，让人生具有张力和弹性，这是一种真正的聪明与智慧、风度与洒脱。

美国前总统克林顿的艳情曝光制造了全世界的性丑闻，但作为妻子的希拉里却做出了最明智的选择：沉默。她不愿像个泼妇似的大哭大闹，因为她非常清楚，所有人都等着看他们笑话。正是因为她的明智，因为她的宽容，克林顿才没有陷入尴尬的困境，甚至葬送他的政治前途。

希拉里说她已经从母亲的痛苦经历中吸取了教训。“任何一个家庭都会有一些变故，人们必须去面对它。如果你爱一个人，你就不会离开他，你会帮助他。”希拉里从《圣经》中找例子来解释自己的忠诚，“爱超越了一切事物！彼得三次背叛基督，基督也知道，但他还是爱彼得。人生不是直线的发展，它有许多岔路和挑战，我们需要互相帮助。”

希拉里时常回忆她和克林顿在一起度过的美好时光：“我们亲密地聊天，在日光浴室、在卧房、在厨房里聊些琐碎的事。我们喜欢一起躺在床上看电影，就是那种能放在膝盖上的小巧的个人录像机。”在大学的时候，由于突出的表现，希拉里就获得了这样的评价："为所坚信的东西大声疾呼，并且能够站在独特的立场上调解各种冲突"的评价。确实，她能够通融，懂得协调各种关系，使自己处于有利的位置。

虽然希拉里受到了莫大的伤害，但为了他们的家庭，为了恢复生活的平静，她以宽阔的胸怀，容纳了丈夫的过错。她没有表露丝毫的怨恨和痛苦，坚强而勇敢地以妻子的独特身份"证实"丈夫的"忠诚"。她对全世界人说："我相信我比世界上任何人都了解他。"

1992年克林顿竞选时被揭露与夜总会女歌手珍妮弗·弗劳尔斯有12年暧昧关系。千钧一发之际，希拉里在电视里慷慨陈词："我现在不是作为一个弱女子坐在丈夫的身边，我在这儿是因为我爱他，尊敬他，以他的经历和我们一起的经历为荣。"希拉里的这一行动彻底扭转了乾坤。但具有讽刺意味的是，在后来的性丑闻中，克林顿在秘密作证时供认，当年他与珍妮弗确有其事。

克林顿如此喜欢拈花惹草，风流成性，人们不禁要问："美国第一夫人希拉里怎么容忍得了这位花心的丈夫，而且还在最关键的时刻力挽狂澜让他起死回生?"这个问题可能是有史以来美国政坛最让人费解的谜。有评论称，克林顿夫妇的婚姻是20世纪美国最不可思议的婚姻之一。

没有人相信像希拉里这样精明的女人不知道丈夫爱勾三搭四，不会察觉他的风流韵事，可希拉里为什么能一再忍让？对于克林顿夫妇这种叫人难以理解的结合，评论家们有各种各样的解释。有些人说，从1970年相识开始，他们就已意识到彼此的关系是一种共生而又互补的关系。他们有共同的爱好，都对政治、政策、权力、读书感兴趣，并对朋友说，他们在一起可以达到别人难以达到的高度。克林顿最欣赏的是希拉里的智慧和才干。而希拉里，对克林顿的感情较传统，也比较纯真，有朋友说，其情近乎于"痴迷"。

也有一些分析家认为，他们走到一起从一开始就是功利性的，

是为了互相利用。克林顿在小的时候便有远大的志向，立志要当白宫的主人。克林顿在大学时期就爱穿梭花丛，风流倜傥，他偏偏选中当时架着黑框近视眼镜、不施脂粉、以激进女权主义者姿态出现的希拉里，只是看准她的才能有助他直上青云。希拉里不但知道克林顿对当总统如何毫不讳言，而且相信他可以真的成为白宫的主人。这样，只要能带她进入白宫当女主人，一切屈辱都可以忍受。后来克林顿一次又一次的绯闻、胡闹，更支持了这些评论家的观点，他们把希拉里与克林顿的结合称为“希拉里与魔鬼的契约”。

不管怎么说，有一点是肯定的：希拉里容忍了丈夫的不忠，并由此而成就了两人的一生。

看看另外一位著名女人戴安娜的处世态度，我们更可以看出希拉里的聪明与高超。戴安娜与希拉里同为政治名人的妻子，在对待丈夫外遇的问题上，却采取了截然不同的方法。希拉里能站在全局的立场上调和各种矛盾，从而让丈夫能下得了台阶，也让自己重新赢得爱情。她明白自己不仅嫁给了一个男人，更嫁给了美国，因此她考虑问题不仅只从一个普通女人的感受出发，更能从国家第一夫人的立场出发。而戴安娜和查尔斯王储闹得夫妻感情破裂，最终自己死于车祸，这又是何苦呢？

女人怎样才能经营好事业和家庭，希拉里就是最好的榜样，要懂得运用宽容的力量，这不是妥协和软弱，这是灵活的、艺术的宽容。

幸福感言

爱一个人，就要爱他的一切，包括缺点和错误。一个真正懂得包容艺术的女人，定会成为情爱舞台上的胜利者。

第三章

女人选择善行，其实是选择一种人生态度

女人最富于同情和爱心，也最愿意与人为善，帮助他人。这是女人最美的一种品德，它让女人浑身充满圣洁的光辉，并赢得世人的敬重。

1. 女人因善良而美丽

善良是一种美德，其实，善良更是一种美丽。当一个女人真正拥有善良这种美德时，她就是美丽的天使。

曾经有一份杂志组织过一个讨论会，主题是："什么样的女人最让人喜欢？"答案是五花八门，什么都有。

有人说："我喜欢漂亮的女人。因为漂亮的女人使我赏心悦目，就好像是看到了一处美丽的风景。此外，如果能娶漂亮的女人为妻，在自己内心满足的同时，不也在向世人证明自己的魅力吗？"

有人说："我喜欢聪敏的女人。因为聪敏的女人能令我心智大开，跟她们在一起可常常使我获益匪浅，感受智慧的魅力。那是一种真正的愉悦。何况，和她们出去办什么事见什么人，起码可得到一种轻松与默契，那岂不也是一种愉悦？"

……

到底什么样的女人最让人喜欢，大家七嘴八舌，各抒己见，但最终讨论的结果是：善良的女人最让人喜欢。其中有一位参与者的发言赢得了最热烈的掌声。他讲道：

"比方说我的母亲吧。她已去世好多年了，我自然会常常念起她的。她年轻时的照片我见过，按照一般社会评价标准，应属于比较漂亮，何况她又是我的母亲，自有彼此的深情在；然而却怪，有一次我偶然发现，我对她的回忆竟主要是她的善良！

在我的记忆中，只要有讨饭的人路过我家门口，我母亲就总是请他们进屋，端来热水请他们洗手洗脸，然后把热热的一碗饭和一盘菜让他们热热地吃下……有一次，一位河南来的女子讨饭到我家，我母亲请她吃饭时和她聊天，得知她死了丈夫又受公婆和小姑子的气才逃了出来，听得两眼潮潮的，随后便让她在我家洗了澡，然后张罗着把我们村上的一个单身汉介绍给她，后因男的不同意才作罢。送那女子走的时候，我母亲还把自己的衣服给了她。

人们常说，善良是一种美德；但在我看来，善良更是一种美丽。就是说，善良使人美丽，女人因善良而更美丽。”

可见，善良是女人最宝贵的品德，女人的这种内在美，是最永恒的美丽。

《巴黎圣母院》中的卡西莫多是世界文学史上的一个著名的丑人，但在人们看来，他实在要比那位卫队长和神父美丽得多。人们之所以会有这样的审美感受，显然是因为他的奋不顾身的善良。

至于生活中不断涌现的舍己为人者、无私奉献者乃至慈善家们，他们更是因为善良的品性与行为，而令我们深觉可爱可敬！

是他们使我们的生活更美丽，令我们在遭遇困难时得到帮助，并确信阳光是不会消失的，且明日更加灿烂！

善良是女人最宝贵的品德，一个女人再漂亮，再有才能，再聪明，如果怀有一颗邪恶的心，那她最终只能成为一个恶婆。

幸福感言

对于女人，不管是否漂亮是否聪敏，倘其心底里卧着一条毒蛇，那就无论如何也难让人喜欢；相反，倘是在那并不漂亮也并不聪敏的目光中时时地流溢出来善良，那就无人不会喜欢。

2. 善良是女人生命的宝石

男人最重视的女人的品质是什么？是善良。这是由于男人觉得善良的女人有安全感，更是因为善良的女人越来越少，就像宝石一样物以稀为贵。

善良的女人负有净化灵魂的使命，她们像过滤器一样，使世界变得澄清。她们就像润滑剂一样，使历史的车轮滚滚向前。

善有善报，善良总是比丑恶更容易获得美好的回报，其实，做个善良的女人是一件回报丰厚的事。

林梅是一名下岗职工，丈夫所在的企业也不景气，每月工资只有 500 元，加上自己的下岗补贴，不足 600 元，可家里还有两个孩子上学，日子过得非常艰难。政府为了解决下岗职工再就业的问题，在城区建了一个菜市场，鼓励下岗职工从事自食其力的劳动。

林梅和丈夫一商量，借了点钱，租了一个菜摊，准备卖菜。夫妻俩说干就干，林梅跑前跑后，抱着批发来的蔬菜，就像抱着自己的儿子一样，心里充满喜悦。

第一天晚上一算账，赚了 13 块多，林梅心里甭提有多兴奋了。

然而，没过多久，她就高兴不起来了。由于这个市场位置太偏，人们买菜都不愿跑那么远，于是菜市场的生意越来越冷清，林梅也决定第二天就收摊不再卖菜了。

第二天收摊的时候，有一个中年人来到这里，花了5块钱买了5斤西红柿让林梅包装好，说他待会儿再来拿。可是一连等了3天，才等来这个人，林梅赶忙喊住他，给他西红柿，可一看，西红柿已经坏了，于是林梅拿出口袋里仅有的5块钱，去外边买了5斤西红柿，交给了中年人。

中年人怔怔地看着林梅和空空的菜摊，好像明白了什么，充满歉意地问：“这几天你一直在等我？”

林梅轻轻地点了点头。

中年人略加思索，麻利地掏出笔，刷刷地在纸片上写下几行字，然后递给林梅说：“我是棉纺厂的伙食长，每天都到城里买菜，往后你就照这个单子每天给我们厂送菜吧!”

林梅惊喜地接过纸片。

从此，林梅每天就按时给有3000多名职工的棉纺厂送菜，从而使家庭摆脱了困境，生活慢慢好起来。

生活就这样奇妙，有些女人，苦苦追求，斤斤计较，甚至损人利己，可得不到的照样得不到。而另一些人，并没有想那么多，只是真诚地付出，坚持自己善良的本性，却不经意地得到了很大的回报。

如果林梅不是一个善良的女人，她可能会为自己赚到了5斤西红柿而窃喜，却不知自己失去的更多。

幸福感言

善良的女人是一块闪闪发光的宝石，她不但可以照亮别人的心灵，更能照亮自己的家。

3. 给人玫瑰，手留余香

一个人的生命，只有有助于他人，才能称得上是喜悦与快乐的。一个女人只有深知“给予”的道理，她才能有所获取，她的生命才能散发长久的馨香。

有一位哲人问他的学生：“对一个人来说，最需要拥有的是什么？”答案很多，哲人都摇头否定，但有一位学生的答案令他露出了笑容，那位同学答道：“一颗善心!”哲学家说：“在这‘善心’两字中，包括了别人所说的一切东西。因为有善心的人，对于自己则能知足常乐，能去做一切与己适宜的事。对于他人，他则是一个良好的伴侣和可亲的朋友。”

一颗善良的心，一种爱人的性情，可以说是一个女人最大的财富。虽然她给予他人以爱、同情和鼓励，然而她本身却并未因为给予而有所减少，反而会由于给予而获得更多。她把爱、同情、善意给人的愈多，她所能收回的爱、同情和善意也就愈多。

有一个女人一生都生活在痛苦中，死了以后，她想搞清这是为什么。于是她来到上帝的面前讨教怎样才能获得快乐。上帝对她说：“来，我带你去看一个地方。”他们进入了一个门上写着“地狱”两个字的房间，看到许多人正围着一桌丰盛的食物坐着，他们骨瘦如柴，但眼睛里却充满贪婪和焦急。他们每个人手上都

绑着一把勺子，只因为勺子太长，所以食物没法儿送到自己的嘴里。他们的互相争抢，更增加了吃饭的难度。

“来，现在我带你去看另一个地方。”上帝又带她进入了一个门上写着“天堂”的房间。这个房间也有一大群人围着一桌丰盛的食物坐着，他们的勺子跟刚才的那群人的一样长。所不同的是，这里的人满脸是幸福的微笑，他们又吃又喝，有说有笑。原来他们是互相喂对方吃的。

这个故事揭示了一个深刻的道理：人活在世上要学会分享与给予，养成互爱互助的习惯。那群地狱里的吝啬鬼宁愿饿死，也不愿去喂对方，而天堂里的人们却知道“予人玫瑰，手留余香”的道理。

有一个48岁的女人，丈夫病逝不久，儿子又因车祸而身亡，她整天沉浸在悲痛之中，久而久之得了忧郁症，甚至产生过自杀的念头。好心的邻居劝她去做些能使别人快乐的事。快50岁的她能做些什么呢？她过去喜欢养花，自从丈夫和儿子相继去世，花园都荒芜了。她听了邻居的劝告后，强忍悲痛，开始整修花园，施肥灌水，撒下种子，很快花园里就开出鲜艳的花朵。此后，她每隔几天就将亲手栽培的鲜花送给附近医院里的病人。她给医院里的病人送去了温馨，得到了一声声的感谢，那些美好的话语轻柔地浸润着她的心田，她的忧郁症也慢慢地治愈了。她还经常收到病愈者寄来的贺年卡、感谢信，这些卡片和信驱赶了她的孤独，使她重新获得了生活的快乐。

所以，不管一个人的生活多么平凡，所处环境多么困难，都应该掌握这个使自己解脱的精神处方——多想想，怎样才能让别人快乐！

让别人快乐，同时你也会得到快乐；否则，带给你的就是误解和愤怒。“如果你握紧一双拳头来见我，”威尔逊总统说，“我想，我可以保证，我的拳头会握得比你的更紧。但是如果你来找我说：‘我们坐下，好好商量，看看彼此意见相异的原因是什么。’我们就会发现，彼此的距离并不是想象中的那么大，彼此的分歧并不多，而且看法一致的观点反而居多。你也会发觉，只要我们有彼此沟通的耐心、诚意和愿望，我们的沟通就不成问题。”

让别人快乐，并不是只有大富翁才能做的事，我们每一个人都可以做到。只要经心去找，努力去做，虽然没有一文钱可以给别人，但是你能比那些慷慨解囊的富翁做更多的善事。

有一个盲人在夜晚走路时，手里总是提着一个明亮的灯笼，别人看了很好奇，就问他：“你自己看不见，为什么还要提灯笼走路？”那个盲人说：“其实很简单，我提上灯笼并不是给自己照路，而是为别人提供光明，帮助别人。我手里提上灯笼，别人就容易看到我，不会撞到我身上，这样就可以保护自己的安全。”

助人就是助己。当一个女人微笑着奉献出自己的善良时，那么这个世界也会对她展露最舒心的微笑。

幸福感言

在漫漫的人生路上，任何一个女人都会碰见需要她帮助的人或事，如果她能奉献爱心，果断地施以援手，那她一定会与快乐相伴，远离痛苦与烦恼。因为她在送别人一束玫瑰的时候，自己手中也留下了持久的芳香。

4. 善良的女人有一颗金子般的心

善良女人的那颗心，是由金子做成的，但比金子更珍贵。由于有了这样一种善心，社会多了一缕春风，家庭多了一份温馨，男人多了一点福音。

有个传说，上帝用三种材料创造了三种人：最好的人是用金子做成的，次好的人是用银子做成的，而一般的人则是用铜和铁做成的。当然，做一个女人就要做最好的那一种——金子做成的人。因为，金子做成的人拥有一颗金子的心，金子的心是善良女人的心，奉献给天下的都是情和义。

郑板桥曾教导自己的儿子说：“夫读书中举中进士做官，此是小事，第一是要明理做个人。”这里所说的“做个人”，就是指做个善良的人，做个正直的人，这当是芸芸众生的处世准则了。

据说，有一次甘地乘火车，不小心一只鞋子掉在车下，可火车已经启动，想捡回那只鞋子已是不可能。甘地索性将另一只鞋子也脱掉，并用力扔到第一只鞋子的旁边。他身边的人非常奇怪，就问他为什么要这样做，甘地微微一笑，答道：“这样，经过这个地方的穷人，就能得到一双鞋子了！”这就是伟人的胸怀，伟人的善心。此举虽是伟人所为，但一个女人只要常存善念，唯善是举，时时处处将善念转化为善言和善行，便会为他人创造一

份惊喜，为社会奉献一份温馨，为生活增添一种欢乐。

善良的女人都乐善好施。目睹蹒跚地爬上公交车的老人，绝不会安稳地坐在座位上欣赏窗外的风景；眼见路边乞丐伸出的黑瘦的双手，绝不会厌恶地扭过头去快步走开；面对别人丢失的巨款，绝不会昧着良心据为己有。她们用善良呼唤善良，用真情赢得真情。

善良的女人平平淡淡地生活，认认真真地做事。她们为饥饿的小鸟喂上一把米粒，给干渴的花朵浇下一勺甘霖，为艰难的跋涉者送上一根拐杖，给流泪的眼睛递过一块毛巾。她们把忠心献给祖国，把美好献给人民，把孝心献给父母，把爱心献给家庭。“生当作人杰，死亦为鬼雄”的李清照，用她的全部心血为世人奉献了大量脍炙人口的诗词；伟大的光明天使安妮·沙莉文女士，以她的爱心和信心成就了海伦·凯勒的一生。从古到今，从中到外，正因为有这些千千万万善良女人的无私奉献，人类社会的文明历史才增添了无数辉煌的篇章。

世界因有善良女人的支撑而流光溢彩，生活因有善良女人的爱心而花香果甜，历史因有善良女人的鼎力推动而更增加了一份前进的力量。

幸福感言

世界因善良女人的支撑而流光溢彩。女人因有一颗金子般的善心而崇高伟大，她的生命也因此而更有价值，更精彩。

5. 助人就是助己

《圣经》上说："助人就是助己。"作为一个女人，特别是一个想做出一番事业的女人，就要牢记这句话。因为，在你奋斗的过程中，需要许多人的帮助，而只有先付出了，别人才会回报你。

有一中年妇女，丈夫因病去世，自己一个人带着女儿艰难度日。她原本在一家工厂上班，几年前，由于经济不景气，工厂面临着倒闭，她下岗了。好在她平时待人很好，在街坊邻居中极有人缘，下岗不久，便在亲戚朋友的帮助下，在小镇兴隆服装市场旁开起了一家饭店。

饭店刚开张时，生意较为冷清，全靠朋友和街坊邻居们关照。后来，由于女店主忠厚老实，又热情公道，小饭店渐渐开始有了回头客，生意也一天一天地好了起来。

也许是女店主慈悲善良的缘故，几乎每到中午吃饭的时间，小镇上的五六个大小乞丐都会相继光顾这里。客人们常对女店主说："快把他们轰走吧，这些都是好吃懒做的主，别可怜他们!"这时女店主总是笑笑说："算了吧，谁还没个难处，再者你看他们风餐露宿的，也挺可怜的。"

人们都说，这女店主太善良了，从未见过小镇上其他店主能够像她那样宽容平和地对待这些肮脏不堪令人厌恶的乞丐。若是别的店主，一见到乞丐上门，就会严厉地呵斥辱骂，毫不留情地赶走他们。而这位女店主则每次都会微笑着给他们的饭盆里盛满热饭热菜，而且多是从厨房里取出来的新鲜饭菜。更让人感动的是，在她的施舍过程中，没有丝毫的做作之态。她的表情和神态十分亲切自然，就像她所做的一切原本就是一件分内的事情似的。

日子就这样一天一天地过着。一天深夜，服装市场里一家经营童装生意的店铺，由于电线短路，结果引发了一场大火。那些服装几乎都是易燃物品，加之火借风势，眨眼的工夫整个市场便成了一片火海。

而小饭店紧邻服装市场，势单力孤的女店主，眼看辛苦张罗起来的饭店就要被熊熊大火所吞没，那刚刚添置的冰箱和彩电也都要化为灰烬，心急如焚。这时，只见那班平常天天上门乞讨的乞丐，不知从哪里冒了出来，在老乞丐的率领下，他们冒着生命危险将冰箱彩电，还有一个个笨重的液化气罐奋力地搬运到了安全的地方。紧接着，他们又冲进马上就要被大火包围的店内，将女店主别的财物全都搬了出来。消防车很快就开了过来，大火被扑灭了。小饭店由于抢救及时，只遭受了一点小小的损失。而周围的那些店铺，却因为没得到及时的抢救，全变成了一片废墟。

大火过后，人们都说是女店主平时的善行得到了回报，要是没有这些平时受她恩惠的乞丐们出力，饭店恐怕也会变成一堆瓦砾。

人常说："恶有恶报，善有善报。"其实拿到现实生活中来，这种所谓的"因果报应"只不过是心存感激的受惠者对施惠者的一种报答而已。

科学家曾在风洞试验中发现了这样一个现象：成群的大雁呈"V"字飞行时，比一只大雁单独飞行能多飞20%的路程。这是为什么呢？原来大雁的这种互助行为，减少了风的阻力。其实，人类也一样，当你帮助别人时，自己也得到帮助。

美国南部的一个州，每年都举办南瓜品种大赛。有一个农场主的成绩相当优异，经常获得一等奖。他在得奖之后，总会慷慨地将得奖的种子分送给邻居，有一位邻居不解地问他：“你的奖项得来不易，每季你都投入大量的时间和精力来做品种改良，为什么还这么慷慨地将种子送给我们呢？难道你不怕我们的南瓜品种因而超过你吗？”

这位农场主回答：“我将种子分送给大家，虽是帮助大家，但也是在帮助我自己!”

原来，这个镇上家家户户的南瓜田地都毗邻相连。如果农场主将得奖的种子分送给邻居，邻居们的南瓜品种得到改良，就可以在传粉的过程中，更促进他的南瓜品种改良。相反，若他吝啬自私，不给邻居优良种子，则邻居们在南瓜品种的改良方面势必无法跟上，那些较差品种的花粉传播给自己的南瓜，他反而必须在防范外来花粉方面大费周折而疲于奔命。

由此可得到启示，作为一个想获得成功的女人，养成乐于帮助别人的习惯很有必要。因为在这个竞争日趋激烈的社会里，随时都有可能用到某个人，这便成为你的一项感情投资。

幸福感言

做一个乐于助人的女人，爱心和善行的付出，其实就是你的一项投资，虽你是无心的，但受惠者却会铭记于心，在适当的时候回报于你。

6. 成人之美的女人最受敬重

俗话说：君子成人之美。成别人之美，那就要损害自己的利益，没有宽阔的胸怀是无法做到这一点的。但要是能做到这一点，那是真正值得人们敬重的，特别是一个女人。

英国生物学家达尔文，在1839年就已经形成了进化论的观点，并逐步写成了手稿，但他没有急于发表，而是继续验证材料，补充论据。这个过程，长达20年。

1858年夏初，正当达尔文准备发表自己的研究成果时，突然收到马来群岛从事考察研究的另一位英国生物学家华莱士所写的题为《记变种无限地离开其原始模式的倾向》的论文，其内容跟达尔文正准备发表的研究成果一样。

在这个关系到谁是进化论创始人的重大问题上，达尔文准备放弃，让首创权全部归华莱士。他在给英国自然科学家赖尔博士的信中说："我宁愿将我的全部书稿付之一炬，而不愿华莱士或其他人认为我达尔文待人接物有市侩气。"

对达尔文研究工作非常了解的赖尔博士坚决不同意达尔文这样做。在他的坚持和劝说下，达尔文才同意把自己的原稿提纲和华莱士的论文一起送到"林奈学会"，同时宣读。

华莱士这才得知达尔文先于他20年就有了这项科学发现，他感慨地说："达尔文是一个耐心的、下苦功的研究者，勤勤恳恳地搜集证据，以证明他发现的真理。"他宣布："这项发现本应该单独归功于达尔文，由于偶然的幸运我才荣膺了一席。”

正是达尔文善于成人之美的行为，才换来了华莱士对达尔文的莫大尊敬。

作为一个女人，能成人之美，最能表现其大度，从而赢得男人的真爱，获得人们的尊重。当自己的幸福以别人的痛苦为前提时，她们都自愿地放弃自己的幸福，这就是她们的高尚精神所在。主动放弃自己的工作，甘做贤内助，使丈夫免除后顾之忧，成就一番事业；尽力帮助友人渡过难关，使其东山再起……总而言之，凡是好事情，好愿望，一个女人能伸出热情之手，予以大力帮助，使之功成名就，都可以说是“成人之美”的君子行为，都是得人心，受欢迎的。

放弃是痛苦的，特别是现代女性，从小受到的教育是怎样竞争，在成长的过程中时刻体验的是竞争的气氛，要让她们放弃某一东西，而成全竞争对手，确实有一定困难。但一个不能成人之美的女人，只能是一个小女人，一个斤斤计较的人，一个小肚鸡肠的人，甚至心胸狭窄的人。这样的女人永远成不了大事，也难获得真爱；这样的女人体验不到奉献的快乐，也就不会有一个幸福的人生；这样的女人不知宽恕为何物，所以，她们也极少会得到别人的宽恕。那这样的人生就是失败的人生，痛苦的人生。

成人之美，积德行善，你将获得尊敬、温情、快乐。你将会成为一个快乐而幸福的女人。

幸福感言

能否成人之美，既是对一个女人的考验，也是对一个女人的成全。其实，你成全了别人，自己获得内心的安宁和满足，以及世人的尊敬，难道不是对自己的成全吗？

7. 聪明的女人不把“施恩”变成“施舍”

帮助一个人并不是一件简单的事情，还应该有许多注意的地方，其中有一条应特别注意，那就是：不要把“施恩”变成“施舍”。

某女士给我们讲过她祖父的故事，在理解人情世故的微妙方面，具有很好的启发作用：

当年，祖父非常贫穷。在一个大雪天，他去向村里的首富借钱。碰巧那天首富心情很好，便痛快地借给祖父三块大洋，末了还大方地说：“拿去用吧，别还了!”祖父接过钱，紧紧握在手心里，就匆匆往等着急用的家里赶。首富冲着他的背影又喊了一遍：“别还了!”

第二天大清早，首富打开院门，发现自家门前的积雪已被人扫得干干净净。他经过打听后，得知这事是祖父干的。这使首富明白了：给别人一份施舍，只会将别人变成乞丐。于是首富找到祖父，让他补写了一份借契，祖父虽负了债，但却流出了感激的泪水。

祖父用扫雪来维护自己的尊严，而首富借给他钱却不是白送他钱，极大地成全了他的尊严。在首富眼里，世上无乞丐；在祖父心中，自己何曾是乞丐？把“施恩”变成了“施舍”，一字之差，却有天壤之别。

生活中经常有一些女人，帮了别人的忙，就觉得有恩于人，

和那个人说话时，明显地表现出一种优越感，好像别人受惠于她，就得低人一等。或者和别人聊天的时候，经常提起这事，“我曾帮她家女儿联系了一个好学校”、“我曾借钱给她”等等。这种态度是很危险的，常常会适得其反，好心不得好报，也就是：帮了别人的忙，却没有增加自己人情账户的收入，正是因为这种骄傲的态度，把这笔账抵消了，甚至还会招怨，“就借你俩钱，至于这样吗？”

所以，帮人忙时应该注意下列事项：

第一，不要使受惠方觉得接受你的帮助是一种负担。

第二，要做得自自然然，也就是说在当时对方或许无法强烈地感受到，但是日子越久越体会出你对他的关心，能够做到这一步是最理想的。

第三，帮忙时要高高兴兴，不可以心不甘、情不愿地，至少不要在面上表现出来。如果你在帮忙的时候，觉得很勉强，让受助方感觉到你言不由衷，他是不会从内心真正感激你的。

如果对方也是一个能为他人着想的人，你为他帮忙的种种好处，绝不会像肉包子打狗一样一去不回，他一定会用别的方式来回报你。对于这种知恩图报的人，你应该经常给他些帮助。

帮助人也是一门艺术，做得好你就存了一大笔人情；做得不好，你得不到回报，甚至还会亏本。一个聪明的女人，其实就是这门艺术的实践者。

幸福感官

一个女人的一生，帮助别人是在所难免的事，女人的天性就富于爱心，愿意帮助别人，但在帮助的同时，一定不要做那种吃力没落好的傻事。

8. 女人制怒九法

女人在现实生活中，难免有人际纠纷，难免会碰到生气的事。但气大伤身，怒气冲天只会使自己身心俱损，同时还会破坏自己在人们心目中的形象，一个经常暴跳如雷的女人，是很难获得人们认同的。

那么，女人在生活中如何才能制怒呢？

(1) 充分认识发怒引起的不良后果

发怒可造成心血管机能的紊乱，出现心律不齐、高血压和冠心病等症状。严重时还会导致脑血栓或心肌梗死，以及高血压患者的猝死。再者，经常发怒的女人，衰老得特别快，在外貌上看起来总比实际年龄要大得多。

(2) 有意躲开“触媒”，有意识地撤火

人在愤怒时，大脑皮层中往往出现强烈的兴奋点，并且它还会向四周扩散。因此，要在“怒发”尚未“冲冠”之际，善于运用理智有意识地去转移兴奋的中心。比如，有意躲开争吵的对象、发怒的现场，到其他的地方干点别的事情。眼不见心不烦，怒火会自然消失大半。另外，还可以采用有意“撤火”的办法，强制自己，忍着不做声。

(3) 自我暗示、激励

自我暗示就是给自己提出任务，自己做自己的指挥官，坚信自己有能力控制个人的感情。爱发怒的女人也不妨搞个座右铭。如：“脾气暴躁是人类较为卑劣的天性”、“发怒是没文化教养的表现”、“发怒是无能软弱的表现”等等，通过这样不断的自我暗示，便可以组织自身的心理活动获得战胜怒气的精神力量。

(4) 宣泄法

摔打一些无关紧要的物品能够有效地宣泄自己的怒气或对空大喊大叫也是缓解自己的冲动的好办法。最好是跑到楼下，再爬上楼，每步登两个台阶，跑步上楼更好，直到筋疲力尽。还可以与别人聊聊，舒缓一下心中的闷气。

(5) 自我按摩

怒气会使颈部和肩部内的肌肉紧张引起头痛，自我按摩头部或太阳穴 10 秒钟左右，有助于减少怒气，缓解肌肉紧张。

(6) 推己及人

试着让自己站在对方的角度去考虑问题，这样你也许就容易理解对方的观点和行为。在多数情况下，一旦将心比心，你的满腔怒气就会烟消云散，至少觉得没有理由迁怒于人。

(7) 自嘲法

在你的怒气很可能一触即发的紧急关头，你可以自己嘲笑自己：“我这是怎么啦？怎么像个 3 岁小孩子似的。”幽默是卸掉发怒雷管的最好手段。

(8) 加强素质训练

爱发火常常与脾气急躁密切相连。为了克服急躁，你可以学习下棋、绘画、写字、做一些小手工艺品等等，通过这些方法磨炼自己的耐性和柔韧的劲头，久而久之自然会养成不急躁的好习性，不会再轻易大动肝火了。

(9) 独自出去走一走

愤怒时自己先离开，走入一个怒火不会再被激起的区域，让自己的愤怒冷却一下。在寂静的地方走上一会儿，周围的静会让心情慢慢平静下来。但必须注意，不要再不断地思索引发愤怒的事情，那样就达不到平息愤怒的效果了。要记住，最终的目的是解决问题，而绝不是发泄或出气。

幸福感言

愤怒会扼杀女人的优雅、温柔，会使女人丧失理智，干出追悔莫及的蠢事。所以，温柔美丽的天使是拒绝怒火燃烧，能微笑面对一切的。

9. 爱心是女人的魂

爱心最能体现女人的本性，这是由女人作为母亲，作为妻子而决定的。女人因充满爱心而美丽，因充满爱心而受到尊敬。

许多成功的女人，由于自身的优越感很强，所以对于那些弱者，就不屑一顾，似乎自己是一名胜利者。这样，在弱者的眼中这样的女人更多的不是一名女强人，而是一名女恶人了。

这种人情的冷漠其实是一个女人浅薄的表现。人与人之间本来是平等的，只不过个人的能力有大小，就造成了以后个人境遇的不同，因此这在很大程度上带有一种偶然性。对于聪明的女人来说，她们总是以一种虚怀若谷的态度对待她所接触的任何人，在她们身上看到的是种种充满爱心的举动。她们的一言一行都会受到人们的赞扬和仰慕。

斯普兰妮女士曾说：“女性的内在价值是通过多方面体现出来的。事业仅是价值的一部分，更多的是那种体现关心弱者的爱心。”

女人天生充满爱心，对弱者的不幸会给予深切的同情，这也是她们很有人情味的表现。但随着社会的发展，女人的价值观、道德观发生了很大的变化，许多传统的美德正逐渐在消失。所以，怎样把她们这一种传统的美德发扬下去，怎样使自己富有爱

心和同情心等问题值得女人思考，也是向女人提出了挑战。

美国前总统夫人希拉里毕业于麻省理工大学，曾为费城 IBM 公司的部门经理，当时已是个炙手可热的人物，在别人看来，她是风光无限。可实际上，她的内心却充满烦恼。

她想摆脱这些烦恼，想得到帮助，于是就找到 CMB 公司。她向工作人员倾诉道："我实在是太累了，周围的人似乎都在奉承我却又似乎都在算计我，我不知道该相信谁，我觉得没有一个真正的朋友。"

"以前的那些好朋友也似乎一个个地疏远了我，我想可能是嫉妒我事业上的成功……"

CMB 工作人员在听了她这番话后，就问了她几个问题：

"你喜欢养小动物吗？"

"你常参加一些社会慈善活动吗？"

"你和朋友间主要谈些什么？你的语气又怎么样？"

对前两个问题，希拉里的回答是否定的。后一个问题她回答说主要谈些工作上的事，语气也是像工作时那样。

烦恼的症结终于找到了，希拉里的不愉快正是由于她把工作和生活混在一起了，抛弃了女性应有的温柔，把在工作中的成功经验运用到日常生活中，这种不分时间地点的处世方法给她带来了不必要的麻烦和困扰。

由于工作繁忙，她没有时间和精力去表达爱心，去做显得比较有人情味的事，也使自己的情感处于压抑状态，无从发泄，时间长了，她自然会感到烦躁不安，并不经意地表现出来。工作已成为她表达自身内心活动的唯一手段，这种唯一性使得她把对自身的形象永远定格在工作这个层面上。因此，从这种意义上说以前的希拉里是一位不懂得生活的人。

CMB 的工作人员给她提了一些建议，要她抓住每一次出席慈善活动的机会，多让自己感动，多抽出时间和朋友们聚会。工作之外用一种平和的态度与人交谈，使自己的内心得到放松。这样就会从根本上改变自己所有的那种工作气质，富有爱心而以一种成熟的真正的女人味道去得到他人的信任和尊敬。希拉里最后的成功就充分证明了这一点。

由此可见，任何一个女人，特别是那些为自己的事业和工作而奋斗的女人，千万不要因为事业而影响了个人的形象表现价值，不要因为繁重的工作而关闭自己的爱心之窗。

那样的结果，即使你的穿着打扮再华贵和谐，也不能算是一个有气质、有韵味的女人。真正的女人是那些善于调整自我，充满爱心而优雅的女人。她们在生活的尘嚣中总能保持着一颗真挚的爱心，她们是最有魅力的、最成功的女人。

幸福感官

也许你漂亮，也许你富有，也许你聪明，但若你没有爱心，你的内心将会是一片没有绿洲的荒漠，那你绝不是一个真正幸福快乐的女人。

10. 女人是传播爱的天使

苦难让女人明白生命的深刻，知道爱的珍贵。一个真正伟大的女性，在经历了这种刻骨铭心的体验后，会把这爱的种子撒向世界的每一个角落。

几年前，大卫迁到了纽约的一个公寓小区居住。此后不久，大卫因病动了手术，在纽约他举目无亲，躺在病床上就更觉寂寞。没想到，手术后却意外地收到一张暖人心扉的慰问卡，落款处只简单地写了“阳光女士”几个字，大卫甚是感动，但又觉得很蹊跷。

没过几个月，大卫的妻子患流行性感冒躺倒了，这时候，一张写满安慰与鼓励话语的明信片又不期而至，署名仍是“阳光女士”。

这神秘的“阳光女士”到底是谁呢？疑惑不解的大卫向邻居打听，邻居告诉他：“这准是比安卡·露斯切尔德女士。自从她搬到我们小区后，小区里任何人病了她都会寄上慰问卡。”

大卫深感诧异，也深为感动——小区里有300来户人家，她竟能个个记得清楚，长年累月地奉送爱心！

怀着感激之情，大卫和妻子一起登门拜访了比安卡女士。他问她：“您是怎么想到要担起这么一件了不起的使命的？”

比安卡女士讲述了这样一个故事：“我出生在波兰，我曾经有一个幸福的大家庭。我的童年不仅沐浴在父母的爱心中，也生活在40多位亲戚的关怀里，然而，1939年，正当我满怀憧憬等待自己甜美的16岁生日晚会时，战争爆发了。纳粹毁灭了我的家园，把我们统统赶出了家门。就那样，我的生日晚会没有了，礼物没有了，贺卡没有了，有的只是近在咫尺的死亡。

“我们全家被驱赶到关押犹太人的集中营——其实是等待杀戮的屠宰场！我先是眼睁睁地看着父亲和一个叔叔被折磨至死，接着是我的母亲和另外两位叔叔……到1945年，我所有42位亲人全被残酷杀害了！

“只有我，被从一个集中营转到另一个集中营，而我也实在不想苟活下去了。在一次飞机空袭中，我真的盼望被炸死，省得忍受这么多的痛苦和磨难。可是，遍地横飞的炸弹偏偏没有看上我！而且，我竟然能活着看到法西斯的末日，竟然能重新开始自己在灿烂阳光之下的生活！”

说到这里，她的眼里闪着泪花。

“这给了我一个启示：上帝让我历经劫难而活下来，必定是为了让我完成某种使命——传播爱与关心的使命。因为我尝过漫漫长夜里缺乏爱的滋味，所以我更知道每一缕阳光的珍贵。

“我的方法是关心我社区中每一个人的疾苦，以‘阳光女士’的名义向病痛中的人致以简短但十分真诚的问候，从中，我也体味到了幸福。”

这是何等震撼人心的话语，这是一颗多么高尚而充满爱的心啊！她是一个真正懂得爱的女人，在她的身上闪耀着人性的光辉。

幸福感言

善良的女人是一道亮丽的风景线，总会给生活旅途中的人们以慰藉和勇气；善良的女人是风雨后横跨天际的虹，是严冬后点染春天的绿，总给世人带来无穷的希望。

11. 为他人着想的女人有好报

生活不欢迎自私的女人，为他人着想正如流动的空气，活跃在生活的每个角落。为他人着想的女人，凡事都会想到别人的辛劳与付出，想到别人的困难与窘境，想到别人的期盼与等待。

夜深人静，此时此刻就不能狂歌劲舞，那些墙壁和地板还隔不断那冲击的声浪。影响别人休息或孩子学习，也就影响了邻里和睦。为他人着想，其实也决定一个女人在他人心目中的品德与形象。

上班高峰期的公交车最拥挤，车厢内的人就不要保留更多宽松，应让出一些空间给寒风中的等车人。考虑他人，设身处地为别人着想，大家都不会上班迟到。虽然最后一个挤上车的人，没法知道是谁为他让出了站脚之地，但他会感受到我们这个社会的文明。

为他人着想随处可见，正如空气的流动，活跃在生活的每个角落，并从人的体外到体内激活着我们身体的每一个细胞。妻子关爱丈夫，主动承担家务，爱便会浓缩甜美；儿女关心父母，多一点自立，多一些努力，孝道便会升华提高；老板多考虑一些员工，体谅员工的辛劳，被动则会变成自觉，团结就会变成企业的财富；富裕考虑贫困，救助便着色一幅美景；发达考虑落后，风尚便谱写一曲赞歌。

为他人着想，让窗口的清风吹进来，使更多人感受清爽；为他人着想，让阳光照在他人身上，大家就可共同分享温暖；为他人着想，让河水汩汩，不做阻碍流淌的礁石；为他人着想，让草儿青青，不去践踏初萌的希望。

为他人着想，就是凡事要想到别人的辛劳与付出，想到别人的困难与窘境，想到别人的期盼与等待，想到别人的花开与花落。从而想到父母兄弟、丈夫妻子、同事亲朋、山河林木、风雪雨露，想到事业的顺达，国家的兴旺。

为他人着想就是从自我做起，工作中就会少一些挑剔与责怪，同事间便能增添友情和支持，街市与商厦中便会飞出文明与和谐。

为他人着想是善良的付出，它会结出祥和的果实。为他人着想是力量的启动，它会推动文明的进程。

为他人着想，社会便成为一个欢乐的海洋；为他人着想，生活便会变成愉快的享受。你也会受到盛情邀请，从而得到一个甜甜的圆满与舒畅。

一个为他人着想的女人，人们也会想着她，生活更不会忘记她，让她品尝甜美的善果。

幸福感官

生活是一面魔镜，它会照出一个女人的真实。你对它笑它就笑对你，你对它哭它就哭对你，而你要为它付出，它也会回报你。

12. 特雷莎修女——善良就是阳光

善良是阳光，照亮人间的黑暗，拯救苦难的灵魂，温暖冰冷的心。具有这一美德的女人，浑身散发着圣洁的光辉，把希望和爱的福音带给世人。

1946年，特雷莎修女乘坐火车前往印度贫困山区救助贫困山民时，突然感染了严重的肺结核病，几乎一病不起。特雷莎修女病愈之后说，她在恍惚之中似乎听到上帝向她召唤，让她“去帮助那些穷人中最穷的人”。

1947年，特雷莎修女脱离洛雷托修女会，并于1950年在加尔各答创立天主教仁爱传教会，救济和帮助最贫困者。

1950年，特雷莎修女获得了印度国籍，为印度贫苦人的慈善事业呕心沥血。她首先为流浪儿童建立了露天学校，又募集捐款创立了其他学校、孤儿院和医疗所。1952年，特雷莎修女创立救济濒死贫民的“纯心之家”。1957年，她建立了第一个麻风病人收容治疗中心。

1963年，印度政府授予特雷莎修女“莲花主勋章”，以表彰

她对印度人民所作出的贡献，她用这笔奖金建立了十余所“贫民之家”。1964 年，特雷莎修女在印度西孟加拉邦建立麻风病患者收容区。同年，梵蒂冈教廷保罗大主教在印度访问时赠给她一部小轿车，她立刻卖掉轿车，并用所得的钱资助麻风病患者。1957 年，特雷莎修女出版了《上帝赠礼》一书，呼吁人们为贫苦大众多奉献一些爱心，使世界更加美好。她将这本书的稿酬全部用到了慈善事业上。几十年如一日，特雷莎修女始终在为穷苦人募捐，在为穷苦人的权利而奔走呼号。人们对她充满了崇敬之意，很多人认为她在慈善事业方面的贡献是无人能比的。在她曾经会见的人中有总统、达官显贵、大富翁、足球明星、电影演员，当然，最多的还是穷人。她走到哪里，就把和平和爱心带到哪里。人们很少看到她有忧伤的时候——她是穷苦人心目中能够带来希望的“圣母”。

特雷莎修女去世后，世界各国领导人纷纷表示哀悼，对她致以崇高的敬意，称颂她为世界上广大穷苦人所做的无私奉献。

美国总统克林顿称她为“不可思议的人”。

英国女王伊丽莎白二世向天主教仁爱传教会致唁电，对特雷莎修女的去世表示哀悼。

法国总统希拉克在知道特雷莎修女去世的消息后说：“就在今天晚上，人世间从此少了一份博大的爱，少了一颗充满同情和怜悯的心，少了一份光明……她给我们留下的信念是跨越一切种族之分和信仰偏见的互相帮助，互相理解，互相团结……”

德国总理科尔说，特雷莎修女是“优良品德的楷模……特雷莎修女虽然去世了，但她将继续作为我们的榜样活在人们的心中……”

善良就是阳光，它让你平凡的脸蒙上亲切的光泽，在温暖别人的同时，你也得到世人的爱戴和尊敬。善良的女人比一般人更美丽、更幸福。

幸福感言

女人选择善行，其实是选择一种人生道路。而为了世人奉献自己的一生，更是难能可贵，这样的女人，可真正称为“圣母”。

第四章

生活赐予女人苦难，女人却要用坚忍将尊严擎起

生活的一帆风顺是美丽的童话，而接受风雨的洗礼则是生活的真实。女人在逆境中改写自己的命运，就像一朵朵风中怒放的玫瑰，向世人诠释坚忍的内涵。

1. 女人一生多坎坷，坚忍陪伴她走完一生

女人一生常变幻，坎坎坷坷多苦难。她们负载着诸多不幸，经历着无数磨难，但她们没有倒下，而是视困难为垫脚石，让命运在坚忍面前转弯，一步一步走向成功。

伊娜·贝莉奥是美国家喻户晓的企业界“女明星”，她的成功让人们在惊叹中明白了坚韧的可贵。

伊娜15岁时，父母便双双去世。少年的伊娜，无依无靠，孤苦伶仃，万般无奈之下，只好投奔叔叔，寄居在叔叔家里。叔叔是一个商人，颇有家产。然而他收留伊娜，有一个不可告人的目的，是想让伊娜与自己有些痴呆的儿子结婚。寄人篱下的伊娜，痛恨叔叔自私与冷酷的同时，也真正感受到了世态的炎凉。她陷入了进退两难的境地，留下来，就必须得和那个傻子结婚；离开叔叔，又举目无亲，再也没有其他可托付依靠之人，而自己尚且年幼，如何继续今后的生活？但人是站着生活的，俯首乞食的生活，毫无意义可言。伊娜最终选择了离开。

离开叔叔家的生活虽然艰苦，但伊娜从未放弃对生活的追求。她变卖了父母遗留的微薄家产，到一处小胡同开了家小裁缝店，开始用自己稚嫩的双肩，挑起生活的重担。由于她的苦心经营，总是对生活充满信心，总是微笑着面对各种困难，顾客们对她也很照顾，所以生意还不错。伊娜终于可以在生活的重压下松口气，走过噩梦般的一段路程，她总算找到了一线曙光。

不久，伊娜认识了一个珠宝商人，两人不断交往，并产生了爱情。后来他们结了婚，感情很深，又有了个可爱的孩子，真可谓幸福美满了。然而好景不长，命运又一次剥夺了她的幸福——丈夫因心脏病而突然去世。难道真是命该如此吗？难道真是命运的捉弄吗？伊娜没有向命运屈服。从来好事多磨难，自古瓜儿苦后甜。已经历过人生风浪的伊娜，坚信自己的努力拼搏，一定会苦尽甘来。“今后怎么办?”伊娜苦苦思索着。虽然丈夫生前的好友愿意解囊相助，但伊娜谢绝了他们的好意。她已习惯了自强自立，不愿接受别人的施舍，这样只会消磨自己的意志，丢失自己的信心。最后，她决定将自己的裁缝店做大，在服装界开创自己的事业。善于动脑筋的伊娜，经过反复的思考、比较，最终开了一家专制女性内衣的店铺。她倾其所有，购置了先进机器，还雇佣了一些女工，专门聘请裁缝师，自己亲任总经理。很快，就赚回了本钱，还有了盈利。她的企业渐渐地发展了起来，她也成为服装界的名人。

如今的伊娜，不仅为美国服装界作出了杰出的贡献，自己也享受到了成功所带来的甘甜。看到她今日的成就，谁会想到她曾是失去双亲的孤苦少女？谁会想到她曾经历失去丈夫的切肤之痛？伊娜用自己坚忍的意志，自强不息，开创了自己成功的天地。

可见，成功需要坚忍和毅力，没有毅力的女性，难以做到自强自立；没有毅力的女性，难以撑起自己的那片天空。俗话说："只要工夫深，铁棒磨成针"。只要坚持不懈，再大的困难，再远的目标，你也能把它变为现实。所以，面对不幸和困难，要想改变自己的命运，做一个成功的女人，坚忍是必修课。

幸福感言

生活多磨难，命运多险途。任何一个女人，要想摆脱困境，改变命运，坚忍是必备素质。坚忍可让女人苍白的脸绽放灿烂的花朵，让胆怯的眼神放射自信的光芒。

2. 挑战命运的女人，绝不轻言放弃

女人相对于男人来说，具有更好的韧性，但女人也往往比男人更容易放弃，这是由女人的天性决定的。许多女人看到不幸或失败的迹象就畏惧退缩、抛弃目标；而有的女人则坚韧不拔，永不言弃，直至实现她们的目标。

一个真正获得成功的女人，她需要许多卓越品质的辅助，这其中绝不能缺少坚持到底、永不放弃的品格。轻言放弃的女人，往往功败垂成，与胜利擦肩而过。

美国玛丽·凯化妆品公司的董事长玛丽·凯是一个大器晚成的成功女性。在创业初，她历经过失败，承受了很大痛苦，走了不少弯路。但她从来不灰心，不泄气，用坚忍成就了自己的辉煌。

20世纪60年代初期，已退休在家的玛丽·凯不满足于寂寞无聊的生活，突然决定再拼搏一番。经过慎重而仔细的思考，她用一辈子的积蓄5千美元作为全部资本，创办玛丽·凯化妆品公司。

为了帮助母亲实现自己的理想，两个儿子一个辞去一家月薪500美元的人寿保险公司代理商，另一个也辞去了休斯敦月薪800美元的职务，加入到母亲创办的公司中来，宁愿只拿250美元的月薪。玛丽·凯明白，这是背水一战，是在进行一次人生中的大赌博，只能成功，不能失败，否则，不仅自己一辈子辛辛苦苦的积蓄将血本无归，而且还可能连累两个儿子。

在公司创建后的第一次展销会上，她隆重推出了一系列功效奇特的护肤品，她充满信心，认为这次活动会引起轰动，一举成功。可是，她的如意算盘落空了，整个展销会下来，她的公司只卖出去1.5美元的产品。意想不到的残酷打击使她失声痛哭起来……

这次惨败，迫使她对自己进行反思。

她经过认真的分析，终于找到问题所在：在展销会上，她的公司从来没有主动请别人来订货，也没有向外发订单，而是希望女人们自己上门来买她的护肤品……难怪展销会是如此的结果，守株待兔让她付出惨重的代价。

商场就是战场，从来不相信眼泪，哭是不会哭出成功来的。玛丽擦干眼泪，从这次失败中站了起来，在抓生产管理的同时，加强了销售队伍的建设……经过20年的苦心经营，玛丽·凯化妆品公司由初创时的9个人发展到现在的5千多人；由一个家庭小公司成长为一个国际性的大公司，拥有一支20万人的营销队伍，年销售额超过3亿美元。

玛丽·凯终于实现了自己的梦想。是坚忍的毅力把她推向成功，是坚定的信念、永不放弃的品格引导她走向辉煌。

可见，坚忍的品格对一个想成功的女人多么重要，这一品格会引导你的事业走向辉煌，而辉煌的事业又将成为你迈向更大辉煌的坚实基础。它给你以动力，让你获得巨大的能量，直挂云帆济沧海。

幸福感言

一个女人所获得的任何成就，都不是轻而易举、唾手可得的，不经过七灾八难，成功是不会降临的。如果你经不住考验而放弃了，那你只能是一个在失败中哭泣的女人。

3. 挫折是女人通向成功的台阶

挫折是女人生活中的必然，躲是躲不掉的，避是避不开的，只有挺直纤弱的身躯去勇敢地面对。挫折对软弱的女人来说，是击倒她的利剑，而对坚强的女人来说，是通向成功的台阶。

“我从来未曾遭遇过失败，因为我所碰到的都是暂时的挫折。”这是玛瑞亚饭店创始人比尔·玛瑞亚的一句名言。

一个人的一生，会遇到许许多多的困难，特别是一个想干一点事业的女性，困难会更多。在困难面前，有时稍有软弱就会退却下来，甚至自信会消失得无影无踪。因此，不管在什么情况下，都不要选择放弃，不管遇到多少无法理解、无法接受的困难，都要咬牙挺住，坚持到底，更不能一倒永不起，一事无成。

挫折是洪水，可能将你无情地淹没；挫折是炉膛，会将你锻炼得更坚强。关键是你怎样面对挫折。挫折是每一位成功女性进行人生历练的最好的大学。

杜鹃的父母早亡，家里又没有太亲近的人，从小就在村里流浪，靠村民的施舍度日，当然，上学对她来说更是奢望。

在她10岁那年，她离开了生她养她的村子，到大城市里以捡破烂为生，并且与一位同样艰难度日的老婆婆相依为命。

但杜鹃是个坚强而好学的姑娘，她用捡破烂的钱买来纸笔学写字，趴在教室外听课……

后来，她在一家公司找了一份保洁的工作，用微薄的工资生活，还经常买书学习。23岁那年，杜鹃参加了成人高考。

正当生活有了转机的时候，她得了肝病，工作没有了，学习也被迫中断。无力支付药费的杜鹃也曾想过就此了却一生，但她永远忘不了充满苦难的童年，舍不得曾收留她的老婆婆……杜鹃回到家乡，在乡亲们的帮助和自己的努力下，看好了病。她想接着参加高考，不料遇到大雨，坍塌的泥墙砸断了她的一条腿，落下了终身残疾……乐观的杜鹃没有因此而退却，她决心凭自己的努力闯出一条路来。

她拄着拐杖，跑遍了各地，寻找致富门路，最后结合家乡地广人稀的特点，发展了药材种植业。

创业的艰辛对于一个残疾姑娘来说，那种难度很难想象。但杜鹃却凭一股韧劲儿，硬是挺了过来。

现在，她已是一家药材公司的总经理，并且又在开发养殖业，从来没有人想过，在她成功的笑容背后有多少血与泪。

不幸是幸运的使者，就像“冬天来了，春天还会远吗”一样，当你经历挫折的时候，成功也许就在前面等你。只要你坚强地走下去，没人能阻止你与成功的相遇。

幸福感言

不幸和挫折可以摧毁一个女人的身体，但不能磨灭她追求生命价值的信念。一个坚强的女人，总能战胜每一个挫折，然后把它踏在自己的脚下，慢慢垫高自己生命的平台。

4. 坚强的女人令人尊敬

柔弱、美丽让女人可爱，使人怜香惜玉，使人赏心悦目；而坚强让女人面对生活的压力，面对人生的坎坷总能挺直腰杆、永不言弃，从而获得尊敬，获得成功。

女人的坚强来自于她们能把自己本身所具有的聪慧与灵性、勤奋与追求充分调动起来；来自于她们善于独立思考，绝不人云亦云，勇于走自己的路。所以，坚强的女人都有自己独特的行事作风和处世原则，能展示独特的个性，使别人了解自己，注意自己。这样，很有可能以自己独特的魅力吸引到一大批的志同道合者，共同开创美好事业。从这个意义上说，女人的坚强无疑是一种力量，更是一种财富。

怀着对未来生活的美好憧憬，已过而立之年的董明珠 (曾任珠海格力电器股份有限公司总经理) 毅然辞掉南京一家科研所稳定的工作，抛下年幼的儿子，只身来到珠海，应聘到当时名不见经传、只能生产少量老式窗式空调的海利空调器厂 (格力空调的前身) 当业务员。

董明珠做业务员不久，就遇到了一次真正的考验——厂里派她到安徽合肥，向一家经销商催要拖欠了一年的42万元货款。

第一次登门，董明珠就遭遇了冷落，这家公司的总经理对她是爱理不理，拒人于千里之外。但董明珠早已有心理准备，她先发制人：“为了我们能更好地重新合作，我们先对一下账吧？”

“什么？对账？”那位总经理一听急了，“有的公司我代销几百万、上千万元的产品，他们也没敢说要对什么账。看来你是个新手，以前一定没干过业务。况且我们现在资金太紧张，根本没钱还你们，你过一段时间再来吧。”说完就下了逐客令。

随后的几天，董明珠每天都去找这位总经理，坐在他对面跟他软磨硬泡。他摆出一副死猪不怕开水烫的样子，一直熬到快下班了，抽身就走。董明珠只好沮丧地回到旅馆。

过了几天，这位总经理改变了战术，干脆不来办公室了。董明珠则坚持不懈地天天去他办公室。终于有一天他又露面了。“行了，我算是服你了！你再给我发 50 万元的货，我把以前的钱全部付清。”这位总经理又转守为攻。

“可以，你把以前欠的款先付给我，我立即给你再发 50 万元的货过来！”董明珠斩钉截铁地回应道。

一个要先发货，一个要先付款，两个人你来我往，都不退让，争了半天也没结果。董明珠突然灵机一动，她改变了主意，提出先看看原来的那批空调还剩多少。

接下来又是天天泡在总经理办公室等仓库保管员。被董明珠缠得实在没有办法，这位总经理终于让人领她去库房。一看，谢天谢地，总算还有好多没开箱的本企业产品。等董明珠第二天雇了车子来拉空调，仓库大门又上了锁。董明珠只好又天天追到这家公司。这位总经理知道躲不过董明珠，最终让她把货拉走。

等大货车装完了空调，董明珠用手抹着眼泪，对司机说：“直奔珠海，路上不要停。”

为追这笔债，董明珠在这 40 天里不知受了多少委屈，但她坚强地挺了过来。执著让她完成了使命，坚强最终也改变了她的人生。

坚强让女性获得了尊敬，获得了成功。坚强的女性了解自己，相信自己，清楚自己在现实生活中所扮演的角色和潜在能力，以及将来要去承担的角色和要达到的目标。她们不会因困难而放弃自己的目标，总会想方设法抵达成功的彼岸。

这就是女人坚强的力量，一种无往不利，可以改变整个世界的伟大力量。

幸福感言

坚强的女人，才能挺得住生活的风雨，经得住困难的考验，最终完成人生的飞跃，实现自身的价值。

5. 优秀的女人源于自信

不曾经历过挫折的人生，根本不算是人生，挫折就是人生的原色。女人的成长，通常是由许多的挫折组成的。就如口香糖广告说：“幻灭是成长的开始。”

一个美丽的少妇投河自尽，被正在河中划船的白胡子艄公救起。

艄公问她为什么寻短见，她哭着说：“我结婚两年，丈夫就遗弃了我，孩子又病死了。我活着还有什么意思?”

艄公又问：“两年前你有丈夫和孩子吗?”

“没有。那时我一个人，自由自在，多么快乐啊!”

“你现在不也是一个人，和两年前一样自由自在吗?你照样可以快快乐乐啊!”

少妇心里一震，恍如从梦中惊醒。自此，她打消了寻短见的念头，开始了新的生活。

失去的也可看成是尚未得到的。与其为失去的伤心，不如追求尚未得到的。

玛丽的童年是在孤独之中度过的。成年后又由于草率成婚，匆忙建立起来的家庭没过多久就破裂了，她不得不一个人承担起抚养两个孩子的义务。尽管她找到了一份工作，可那点微薄的工资哪够维持一家人的生活呢!

玛丽开始忧虑起自己将来的命运。她反复问自己，她是只配

做个含辛茹苦地拉扯孩子、斤斤计较每一分钱的小人物呢，还是能成为自己的主宰？当她明确了自己的选择后，做出了决定：她一定要改变目前的窘境，要超越现在的自我。

于是，她进会计班学习，并找到一份好工作。她白天工作，晚上就去南麦塞德恩特大学上课，即使周末也不休息。

直到有一天，当玛丽发现自己对家庭装饰比较喜欢时，她就辞去了会计工作，把活动阵地移到了自己家里。她把家里布置得很漂亮，并且经常举行各种聚会。当活动进行到高潮时，她亮出各式各样的商品，然后向在场的人兜售，无疑，此举获得了成功。接下来，她成立了一个家用百货进口公司。不久，她又创建了家庭装潢和礼品有限公司，使自己跻身于商界。她的人生开始了新的篇章。

玛丽成了各种团体追逐的对象，许多社团组织都请她去演讲，她挂着好几个董事会的头衔，她还是第一位进入达拉斯商会的妇女。而玛丽之所以能取得这样辉煌的成果，就在于她在极其困难的条件下不甘自生自灭，决心要改变自己的生活。

用她自己的话说就是：“我相信我一定能改变自己的世界。”她把这一积极乐观的信念贯彻到行动中，结果她成功了。相比之下，既然玛丽能改变自己的生活，一般女人为什么不能？行动吧！激发自身的无限潜能，做自己命运的主宰者，女人一定能改变自己的生活！

幸福感言

面对挫折和逆境，女人一定要调整好自己的心态，把它看做是有益于人生的一种磨砺，乐观面对，像大诗人纪伯伦所说的那样：“当你背对太阳时，你只会看到自己的阴影。”

6. 磨难使女人撑起一片瑰丽的天空

幸福安逸的女人，大都只会享受生活，而只有那些经历人生磨难的女人，才真正懂得生活的内涵、奋发的真正含义。也只有她们撑起的天空才绚烂多彩。

女人的磨难是一笔不可多得的珍贵财富，它可以转化成女人的一种优势。本有的潜能在人生磨难之下便可以百炼成钢。

被迫完全依靠自己、绝没有任何外部援助的处境是最有意义的，它能激发出一个人身上最重要的东西，让人全力以赴，就像十万火急的关头，一场火灾或别的什么灾难会激发出当事人做梦都没想到过的一股力量。危急关头，不知从哪儿来的力量为他解了围。不光人有这种潜能，动物也有。

有一个孩子告诉爸爸，他看见过一只土拨鼠上树。他爸爸说那不可能，因为土拨鼠是不会爬树的。男孩坚持说，有一只狗站在土拨鼠和它的洞穴之间，于是它就爬到树上去了，因为它别无选择。

面对人生的各种磨难，女人必须发挥自己的潜能，才能克服更多的困难，成就更多的事业，完成更多的发明。

林兰是一名由知青成长起来的女心理学家，她创办的国际咨询有限公司是国内首家心理咨询机构，为国家培养了大批专业人才。林兰的成功，始终伴随着磨难的身影。也正是这种人生的磨炼，让她更成熟，更坚强，从而更成功。

1968年，初中毕业的林兰从上海上山下乡来到与前苏联一江之隔的黑龙江省萝北县，成了黑龙江生产建设兵团的一名知识青年。地域的巨大差异以及由于家庭成分不好而受到的歧视使林兰的处境异常艰难。但这个特别要强的女孩子，没有被环境击垮，她在心底叮咛自己：越是出身差，越是要干好，不然一辈子都没有抬起头来的一天。

收割玉米的季节，地里寒风刺骨，林兰起早贪黑，天天泡在地里，目的只是多掰几个玉米棒子，即使生病也不退缩；80公斤的粮包，全团没几个女知青能扛起来，而此前从未干过重体力活的林兰，咬着牙扛起了粮包，而且毫不比男知青逊色……

这些刻意的磨炼，不光练就了她强健的体魄，更练就了她钢铁一样的意志，让她在经历一些今天看来难以承受的苦难时，宛若寻常。

“珍宝岛事件”前夕，林兰被调到一片原始森林里修筑战备公路，熊吼虎啸虽然使人胆战心惊，但更麻烦的却是蚊子。如果无意间裸露出的一块皮肤觉得痒时，一巴掌下去，拍死的蚊子最少也有四五十只；吃饭时不戴皮手套，蚊子的叮咬，让手里端的碗十有八九会摔到地上；最难办的事是解决“内急”，人们对蚊子是望而生畏，后来大家想了个办法：在树的顶端修建一座厕所，那里蚊子难以企及。此后，在整个修路期间，林兰每天都为上厕所不得不爬木梯。在林兰的回忆中，修路过程不单单是艰辛和寂寞，更多的则是她对世事的理解和感悟。

千辛万苦走过，都是人生磨炼。黑龙江的14年，对于林兰来说，是永远不会磨灭的记忆、体验和积累，包括读师范、考大学、当老师。此后每逢选择或挫折，东北的那段历程都会让她底气十足。

1986年，已从东北师大毕业分配到上海社科院工作了4个年头的林兰，为了一个并非十分清晰的目标，托关系、找朋友，在毫无保障的情况下，走进了美国纽约市立大学。

刚到美国，纽约并没善待她这个远方的来客。出了机场大门，很不熟练的英语就给了30岁出头的林兰当头一棒。好不容易找到栖身之处，又发现兜里的钱只剩几十美元，吃饭问题要解决，每学期2000多美元的学费也迫在眉睫……

经过磨难洗礼的林兰再次选择了坚强和拼搏。街道边有台湾夫妻开的一间饺子铺，这引起了她的注意。她琢磨，这也许是个机会，然后就走进店里，对老板说她需要一份工作。老板问她会不会包饺子，她拿出当知青时练就的手艺当场就包了几个。老板见她包得又快又好，造型上还极富创意，马上就决定要了她。从此，林兰开始了她在美国的第一份工作——包一个水饺，赚两美分。

纽约的冬天滴水成冰，路面上未及时清扫的雪很快就结成薄冰。一天晚上，林兰离开饺子铺已是时近午夜，她快步行走在空寂无人的大街上，思绪万千。突然，脚下一滑，还没反应过来，她已经躺在人行道上，而脚脖子也痛得失去了知觉。环顾四周，除凄冷的风没有一个人影或车灯。她试着活动一下腿脚，钻心的痛楚让她冒出一身冷汗，她想一定是腕部骨折了。她想等人来帮，但很久以后大街上还是她一个人；躺在这里，肯定会冻死。她爬到一盏街灯旁边，扶着灯柱，咬着牙把那条伤腿拎了起来，然后轻轻地落地，然后慢慢站起身来，然后试着挪步。一步一抽气，三步一喘息，滴水成冰的夜晚，林兰走得满身大汗。也不知过了多长时间，她终于挪回了租来的屋子。

万幸的是，次日一检查，她的脚脖子并未骨折，只是比较严重的扭伤。

包饺子、做清洁工、做居家护理，生活关过了，语言关过了。经过两年艰苦奋斗，她修完了全部专业课，拿到了个性心理学、

心理咨询学和教育课程学的跨学科硕士学位。

在进修心理学期间，林兰不满足于所学，她又参加了《对卓越的投资》的学习。

刚一接触她就喜欢上了这门课，并且决定以传播这门心理课程作为自己未来事业的发展方向。1995年，上海留学生服务中心与林兰洽谈后，决定扶持她在国内发展事业。在为林兰垫资400美元注册后，美国太平洋研究院中国总部及上海蒂比尔（TPl）国际咨询有限公司即宣告成立。

公司开始运作后，困难非常多，没办公室，没课室，没有国内的传播实例与传播渠道，不过这些困难对于林兰来说，都不足以阻挡她的前进，她总能想到办法逐一解决。没办公室就在娘家腾出一间房，没课室就出去租场地，没传播渠道就通过朋友联络朋友。公司成立没多长时间，林兰在新华社上海分社公关公司的会议室里，和十几位首批学员一起开始了国内第一课。

虽然"万事开头难"，但就像婴儿诞生后，只要给予足够的空气、阳光、食物、水，他自然会健康地成长。林兰的公司和她开设的《对卓越的投资》课程，在上海迅速开辟出了市场：外企找她，国企找她，机关找她，高校也找她。林兰倾注的心血没有白费，她的付出有了回报，在中国这块土地上，她把这门心理课程从小苗培植成了大树。

幸福感言

磨难是对一个女人最彻底的重塑。它磨掉了女人的娇柔脆弱，培养了坚忍刚强，从而使其在人生的道路上走得更稳健从容。

7. 忍耐是女人坚强的基石

女人一生会遇到许多麻烦，有些可以想方设法去消除，而有些只有一条途径可以解决，那就是忍耐。女人会因忍耐而变得坚强无比，变得不可战胜。

“忍”并不是怯弱者的借口，而是真正强者的胸襟。只有“忍”才能积蓄能量，以静制动，后发制人；只有“忍”才能有机会退思己身，完善自我，以德服人；只有“忍”才能顾全大局，使得事业顺利；也只有“忍”才能与人为善，化解僵局。

一个女人，如果遇到事情能忍，忍住委屈，忍住泪水，忍住怒气，继续前进，那么事情常常会取得意想不到的好结果。

王树彤文静而秀丽，个子不高，甚至有些娇弱，不管怎样看，你都很难把这个柔柔弱弱的年轻女子与卓越网惊人的业绩联系起来。然而，正是这位娇弱的女性把卓越网从无到有，从小到大，办成了中国第一的电子商务网络。可以说，卓越网的每一步成长都与王树彤骨子里特有的女性的“忍”密不可分。

王树彤的理智和忍耐是让人佩服的，尤其是在8848等一批曾经风云一时的商务网站纷纷倒闭的那段时间，卓越网几乎是在人们的骂声与怀疑中艰难地向前行进着，王树彤承受着各方面巨大的压力，她忍耐着，坚持着，没有放弃，没有退缩，直至取得今天不俗的成绩。据有关资料统计，卓越网一天最多能卖出五千多套产品，而且，一套共11本书的《加菲猫》三个月的网上销量等

于西单图书大厦相同产品5年的总销量，一套由11张VCD组成的《东京爱情故事》一个月的销量是北京音像批发中心同一产品两个月的总进货量。在CamAs@.com的统计报告中，卓越网网站流量位于全国所有电子商务网站的前列。难怪最后王树彤本人都说：“其实我们都低估了互联网的力量，我们也没有想到会如此之快地取得今天的成绩。”王树彤“忍”到了最后，终于得到了回报。

女性由于是弱者，所以更善于忍耐，积极进取的忍耐无疑是一种坚强的表现。香港女作家亦舒有句名言：“忍无可忍，从头再忍。”这很有借鉴的必要。她笔下的现代女性，性格坚强，在工作取得成功的过程中，总用这句话激励自己，我们也可以把这句话作为座右铭，用以对自己的警示。

一个女人要想成大事必须学会忍耐，才能把难做的事做下去，把没有希望的事办成。

也许你很不以为然，认为要做好一件事，解决一个问题，最需要的是智慧、经验。其实，这很不够，没有忍耐你往往会把事情办砸。其中有以下几个原因：

（1）有智慧、有经验的人固然能做好事，也能解决问题，但如果没有“忍耐”的本事，当办事遇到预料不到的困难时，就会急躁，可能会忙中出错，反而把事情搞砸。所以，一个人不能“忍耐”，光有智慧和经验还不能成就大事。

（2）“忍耐”是在和客观环境比耐力，和竞争对手比耐力，你能“忍住”，就不会输！如果因为忍不住半途而废，那就先输了。许多人之所以失败，都是因为没有耐心，而不是因为智慧不如人！

这种“忍耐”的本事，女人尤其应该学到，不要因性别的原因而说“做不到”，那只是一个托词，你应该意识到一点：早日学到这种本事，你才有可能早日成就大事。

幸福感言

坚强的女人，都具有忍耐的品质。这种品质，让她们以柔克刚，无往不利。也只有忍耐，她们的生命才会葱郁、灿烂、丰盈、有活力。

8. 女人用毅力赢来成就

“只要工夫深，铁棒磨成针。”一个女人的成功，并不一定由于她漂亮或者聪明，而更多的是她具有锲而不舍的顽强精神，永不放弃的坚忍毅力。

世界上有许多成功的女人，并不一定是因为她比别人聪明能干，而只不过是她们比别人敢于做和有毅力去做而已。在许多时候，面对同一个机遇，有人会捷足先登，有人却失之交臂。那捷足先登的人，不仅仅是因为她善于洞察先机，重要的，还在于她相信自己能够成功，并且有向成功不懈努力的毅力。所有成功女人的身上，都存在着一个共同的特点，那就是她们始终相信世界上没有不可能的事。

罗活活是个传奇女性，也是个风云人物。她生于1950年，出生后不久，就失去了父亲。在中学当老师的母亲给了她博大无私的爱，母女两个寄居在学校相依为命。

人生的不幸过早地让她品尝了生活的艰辛，体验了人世的冷暖，也促她立下大志：好好学习，将来成就一番大事业来报答母亲的养育之恩。

1968年，18岁的罗活活高中毕业，来到了粤东的一个小山村，干起了粗重的农活。但她知道，越是在逆境中，就越要乐观、自信。白天她不知疲倦地干农活，晚上还要挑灯夜读。

她深深认识到，只有知识才能够改变命运。所以，她要挤出一切时间，利用一切条件，最大可能地学习知识。在这段时间里，她有一个坚定的信念：有机会一定要考上北大、清华!

终于，罗活活有了圆大学梦的机会，但事不凑巧，她那时已为人妻且身怀六甲。怎么办？经过激烈的思想斗争，罗活活终于做出了平生第一次最重大的决定：孩子要生下来，大学也要考上!

罗活活怀着9个月的身孕迈进了考场：她要用毅力叩开命运的大门!

因为已是临产期，她担心把孩子生在考场上，几门试卷都来不及检查就提前离开了考场。最终，罗活活没能实现自己的“北大、清华梦”，接到的只是梅县嘉应师专的入学通知书。也许这就是命运——只能尽力争取，不能完全把握。

罗活活并没有停止上进的脚步，从嘉应师专毕业后，又考入中山大学深造，毕业后回到母校嘉应师专任教。1985年又调到广东省体委的一家杂志社当体育记者。当时的罗活活没有意识到，这段记者生涯改变了她一生的命运，把她推到了人生的另一个更广阔的舞台——商界。1986年，香港领带大王、金利来集团公司董事局主席曾宪梓赞助了一次“宪梓杯”足球比赛。作为体育记者，罗活活参与了这一活动，并负责夜宵安排和纪念品发放工作。球赛结束后，罗活活把剩余的600元钱和6条领带交还给组委会。对她来说，这是一件再正常不过的事情，但曾宪梓却从中看到了她的品德。而且，通过几天的接触，罗活活过人的组织能力和干练的工作作风都给曾宪梓留下了非常深刻的印象，尤其当他了解了罗活活的身世之后，更加感觉到她是一个可担重任的人才。当时，金利来刚打入内地市场，也急需内地的经营人才。于是，曾宪梓力邀罗活活加盟金利来。

罗活活又一次陷入了矛盾之中，她知道这是一次重大选择，更准确地说，这次选择可能改变她一生的命运。经过几天激烈的思想斗争之后，罗活活决定豁出去了：信任无价！再说，没有跨不过的山，没有趟不过的河，要是真的失败了，大不了自己去摆地摊、开小店养活老母和孩子。

1987 年，罗活活正式加盟了金利来，出任金利来（中国）服饰皮具有限公司总经理，后来的事实证明，曾宪梓给了罗活活一个支点，罗活活撬动了整个金利来王国。

刚担任总经理的罗活活，面临着巨大的挑战，但她相信自己的坚忍和能力。她一切从头开始摸索，不仅学习欧美管理学，也从日本的管理学中探索；不管是现代管理学还是传统管理学，只要对自己有启发的，有帮助的，她就一丝一毫都不放过，想方设法弄懂，并随时虚心向人讨教，不仅从书本上学，也从与别人的交谈中学。就这样，在罗活活的不懈努力下，金利来（中国）服饰皮具有限公司的销售额一度占金利来集团总销售额的 85%。1997 年 10 月，曾宪梓亲笔签署，任命罗活活为金利来集团有限公司总经理。而在两年前，罗活活就获得了“中国经营管理大师”的称号，她是中国唯一获此殊荣的女性管理者。

毅力，是毅力成就她的辉煌。没有毅力，她可能还是粤东山区的一名普通妇女，她的人生也绝对不可能散发出如此美丽耀眼的光芒。

当金利来集团在中国内地获得巨大成功时，罗活活功成身退，却选择了离开。2000 年 10 月，罗活活谢绝了曾宪梓的诚恳挽留，离开了自己为之奋斗了 13 年的金利来公司，在自己 50 岁的时候，做出了人生的第三次重大决定：自己创业。

“离开金利来之后，面临的第一个问题就是干什么。当时也有两家企业的老板找我，希望我出任他们的总经理，年薪开到 300 万元，我最终还是没有答应。我想自己创业，干一些自己真正喜欢的、对社会有益的事。”

罗活活决定做“对社会有益的，希望能挣点钱”的家政服务业，遂成立了娘子军家政服务有限公司。“只要认准了，我就会义无反顾地走下去。”罗活活说，“刚开始的艰难困窘以及心理压力不是一般的女人所能承受的。但没关系，我怀着孩子一个人都可以既完成学业又担负着繁重的工作和家务，我能吃这种苦，那么，还有什么趟不过去的河？”

这就是罗活活，经历过人生风雨的磨炼之后，淡泊了许多，从容了许多，但内心深处的真诚率直不变，为向自己心中的目标奋进的坚定信念不变，在前进中敢于吃苦的顽强毅力不变。

幸福感言

穿过凄风冷雨的飘摇，经历漫漫黑夜的跋涉，一个女人还能信心百倍地向地平线进发，那她一定能看到生命的曙光，锁定人生的胜局。

9. 能苦中作乐的女人是花中的奇葩

岁月如梭，人生苦短。对酒当歌，人生几何？由此，一些女人逃避生活，另一些女人则全心全意地献身于它。

张丽有一个女同学，因为家里贫困，很早就退学嫁人了。她猜想这位同学一定是个愁肠百结的女人了，于是就几个好朋友一起相邀去看她，想给她以安慰和帮助。谁知一看，她竟是一副很满足的样子，有一个爱她的丈夫，有一个可爱的小男孩，这就是一个女人的幸福了。日子一天天消逝，后来她的丈夫在一场大病中离她而去，再后来儿子因汽车出事进了监狱。张丽又猜想她这回一定很痛苦了。有一次路过她家，就特地进去看她。她容颜苍老了许多，额头过早地爬上了一条条皱纹，但她办起了一个托儿所。在谈话间，她一会儿抱抱这个，一会儿拍拍那个，满眼流露的是幸福和爱。

如果别人能将你的财产、你的丈夫……你身外的种种一切都拿走，还不足以证明你是个弱者。

如果谁也拿不走你的快乐、你的自信、你内心的宁静，那么，你已经强大到不可征服。

面对当今越来越复杂、越来越纷乱的社会，在背负巨大心理压力的同时，我们经常还会碰到各种各样的困难和挫折，如失业下岗、家庭变故、婚姻失败、学业不顺、经济困难等诸多问题。当这一切突如其来无法解决时，一切取决于我们内心是否强大。

是的，每个人的一生都会遇到诸多的不顺心，秉性柔弱的女人在遇到困境时，看不到前途的光明，抱怨天地的不公，甚至破罐子破摔，在精神上倒下；而秉性坚忍的女人在遇到困境时，能够泰然处之，认定活着就是一种幸福，无论是顺境还是逆境，都一样从容安静，积极寻找生活的快乐，不浪费生命的一分一秒，于黑暗之中向往光明，在精神上永远不倒。

幸福感言

"谁也别想把黑暗放在我面前，因为太阳就生长在我心底。"这是一句挺美的歌词，也说出了坚强女人的心声。

10. 女人面对挫折的八种良方

挫折，任何一个女人都会遇到，都会遭到它的困扰。但只要你掌握正确面对的方法，便可从容化解。

为了保护自身的健康，当代女性受到挫折时应该学会化解内心痛苦的方法。

（1）鼓劲法

我国前女排运动员，几乎个个都带有伤痛，都有失败的回忆，但她们并未因此放弃训练，而是以“世界冠军”的目标鼓励自己，不怕苦，不怕累，克服伤痛，提高技艺，终于登上世界女排的顶峰。她们这种积极向上的健康心理状态，是很值得赞许的。

（2）自我安慰法

自我安慰法是一种建立在不确定事实基础上的心理抚慰法。常能起到很好的化解内心痛苦的作用。例如，某商店在出售削价化妆品，价廉物美，当你急匆匆赶到时，化妆品已售完，心中自然很失望。这时，你不妨设想：这种化妆品恐怕有质量问题，否则为什么要削价？

(3) 类比法

如有的女性的自行车失窃了，心里很不高兴，去向小姐妹诉说，谁知小姐妹们告诉她，张家小姐刚买一辆“凤凰”车不到三天就被偷走，李家女士一辆新“永久”车，还未领执照就失踪了。这时想到自己的是辆半新半旧的车，又曾上了保险，可以索赔，通过这样一类比，心情也就不太沉重了。

(4) 补偿法

一个女青年，十分美丽，一心想当电影明星，不幸出了事故面容被毁，这使她非常伤心，但她努力练习发声，后来成为配音演员，补偿了她当电影演员的心愿。再如，曾有一位名画家，因病右手瘫痪，不能继续作画，丧失了艺术生命。这是十分严重的精神打击，可是他毅然用左手练习画画，经过艰苦努力获得成功，恢复了艺术青春，精神上得到了补偿。

(5) 逃遁法

科研攻关项目，进入了死胡同，反复努力总找不到正确途径，女科研人员可能会出现头晕、心跳、失眠、月经不调等症状，为了维护健康，不妨知难而退，请领导安排别人来攻关。

逃遁法是一种消极办法，但在心理负担太重不能自我控制的情况下，也只好采用。

(6) 自欺法

自欺就是自己欺骗自己，这在女性中是常用的手段。例如，女性感到自己已过青年期，身材不太健美，心理蒙上阴影，便在服装的颜色和款式上动脑筋，使自己穿上这种服装后，看上去仍旧年轻美丽，抵消了心理上不快的愁绪。

(7) 升华法

人在遇到挫折后，内心充满激愤，然而经过冷静思考后，采取一种对社会有利的行为，制定一个对国家、对人民有益的目标去奋斗，这种做法叫升华法。升华法常被知识阶层的女性所采用，要有一定的思想觉悟和文化修养。例如，我国著名女画家潘玉良，生活道路上屡遭挫折，她就是不甘心受命运的摆布，将自己的精力全都投入到艺术中去，百折不挠，终于取得令人瞩目的成就。

(8) 赎罪法

有些妇女存在某些隐私，闷在心里难受，又不能对别人讲。还有的妇女做过一些坏事，心理负担很重，她们希望通过一些善举为自己的过失赎罪。例如，有的妇女到寺庙烧香，布施庙宇；有的妇女救济乞丐、收养孤儿等等，在赎罪之后，心理上也就轻松了。

幸福感言

勇敢、聪明的女人面对挫折，能够坦然接受，然后想方设法化解它，把它看成对人生的又一次挑战。

11. 海伦·凯勒——坚忍让她重生

> 一个女人，也许她失去了财富，也许她失去了家庭，甚至是失去了健康，但只要不失去坚忍的品质，她最终还会拥有一切的，甚至比失去前更多。

海伦·凯勒是位全世界家喻户晓的盲人成功者，她的成功，对任何一个女人来说，都是一堂生动感人的人生课。

海伦刚出生时，是个正常的婴孩，健康可爱，能看、能听，也会牙牙学语。可是，一场疾病却改变了她的一切，她变得既盲又聋又哑——那时她才19个月大。

人生的不幸，令小海伦性情大变。稍不顺心，她便会乱发脾气，又敲又打，野蛮地用双手抓食物塞入口里；若试图去纠正她，她就会在地上打滚，乱嚷乱叫，甚至双手乱抓。父母在绝望之余，只好忍痛将她送到波士顿的一所盲人学校，特别聘请一位老师照顾她。

万幸的是，小海伦在最黑暗的时候遇到了一位伟大的光明天使——安妮·沙莉文女士。沙莉文也是位有着痛苦经历的女性。她10岁时，和弟弟一起被送进麻省孤儿院，在孤儿院的悲惨生活中成长，孤儿院由于房间紧缺，幼小的姐弟俩只好住进放置尸体的太平间。在卫生条件极端恶劣而生活又非常贫困的环境中，幼小的弟弟6个月后就夭折了。她也在14岁患了眼疾，几乎失明。后来，她被送到帕金斯盲人学校学习凸字和指语法，再后来便做了海伦的家庭教师。

从此，沙莉文女士与这个蒙受巨大痛苦的姑娘的斗争就开始了。洗脸、梳头、用刀叉吃饭都必须一边和她格斗一边教她。固执己见的海伦以哭喊、怪叫、乱抓乱打等方式全力反抗着严格的教育。然而沙莉文女士最终成功了，她究竟如何以一个月的时间就和生活在完全黑暗、绝对沉默世界里的海伦沟通的呢？

关于这一交织着信心与爱心，痛苦与绝望的过程，海伦·凯勒所著的《我的一生》一书中，有感人肺腑的深刻描写：一位年轻的复明者，没有多少“教学经验”，将无比的爱心与惊人的信心，灌注入一位全聋全哑而又眼睛失明的小女孩身上——先通过潜意识的沟通，靠着身体的接触，为她们的心灵搭起一座桥。接着，让自信与自爱在小海伦的心里产生，把她从痛苦孤独的地狱中解救出来，通过自我奋发，将潜意识无限发挥，走向光明。

就这样，两人手牵手，心连心，用爱心和信心作为“药方”，经过一段别人难以想象的痛苦挣扎，唤醒了海伦那沉睡的意识力量。一个既聋又哑且盲的少女，初次领悟到语言的喜悦时，那种令人感动的情景，实在难于描述。海伦曾写道：“在我初次领悟到语言存在的那天晚上，我躺在床上，兴奋不已，那是我第一次希望天快点亮——我想再没其他人，可以感觉到我当时的喜悦吧。”

仍然是失明，仍然是又聋又哑的海伦，凭着触觉——指尖去代替眼和耳，学会了与外界沟通，凭着永不放弃的坚忍，证明了自身的存在与价值。她10岁多一点时，名字就已传遍全美，成为残疾人士的模范——一位真正的由弱而强者。

小海伦成名后，并未因此而自满，她仍孜孜不倦地学习。1900年，这个20岁的、学习了指语法、凸字及发声，并通过这些手段获得超过常人的知识的姑娘，进入了哈佛大学拉德克利夫学院学习。她说出的第一句话是：“我已经不是哑巴了！”当她发觉自己的努力没有白费时，兴奋异常，不断地重复说：“我已经不是哑巴了！”4年后，她作为世界上第一个受到大学教育的盲聋哑人，以优异的成绩毕业。

海伦不仅学会了说话，还学会了用打字机著书和写稿，她写了7本书。她虽然是位盲人，但读过的书却比视力正常的人还多。而且，她比正常人更会“鉴赏”音乐。

海伦的触觉极其敏锐，只需用手指头轻轻地放在一个人的唇上，就能知道他在说什么；把手放在钢琴、小提琴的木质部分，就能“鉴赏”音乐。她能以收音机和音箱的震动来辨明声音，又能够利用手指轻轻地碰触对方的喉咙来“听歌”。

如果你和海伦·凯勒握过手，5年后你们再见面握手时，她也能凭着握手来认出你，知道你是美丽的，强壮的，体弱的，滑稽的，爽朗的，或者是满腹牢骚的人。

海伦的坚忍和顽强引起了全世界的震惊，也赢得了全世界人的赞赏。她大学毕业那年，人们在圣路易博览会上设立了“海伦·凯勒日”。她始终对生命充满信心，充满热忱。她喜欢游泳、划船，以及在森林中骑马。她喜欢下棋和用扑克牌算命；在下雨的日子，就以编织来消磨时间。

二战后，她在欧洲、亚洲、非洲等地巡回演讲，唤起了社会大众对身体残疾者的注意和同情，被《大英百科全书》称颂为有史以来残疾人士最有成就的由弱而强者。美国作家马克·吐温评价说：“19世纪中，最值得一提的人物是拿破仑和海伦·凯勒。”

海伦·凯勒，虽然严重残疾，但她凭着坚强的信念，终于战胜自己，体现了自身的强者价值。她虽然没有成为巨富，也没有成为政界伟人，但是，她所获得的成就比他们还要大。

幸福感言

坚忍是面对艰难困苦，面对挫折逆境时最有力的武器。一个女人要想在逆境中崛起，要想战胜自我，获得幸福与成功，坚忍必不可少。

第五章

快乐的女人因为有快乐的心，笑容是女人征服世界的资本

你不能改变世事，但你可以改变心态；你不能选择容貌，但你可以展现笑容。真正懂得生活的女人是快乐的天使。当她们展露笑容的时候，花儿醉了，风儿醉了，再冷酷的坚冰也会融化。

1. 快乐是女人的一种选择

> 快乐，别人不能给予，也不用自己努力地去寻找，其实它就在你心中。不管你身处何境，只要你想快乐，你选择了快乐，你就不会痛苦。

珍妮是一家化妆品公司总经理，她的心情从来不会太糟，快乐是她生活的主旋律。当有人问她近况如何时，她总是回答："我快乐无比。"

要是哪位员工心情不好，她就会告诉对方要乐观对待生活，要去看事物的正面。她说："每天早上，我一醒来就对自己说，珍妮，你今天有两种选择，你可以选择心情愉快，也可以选择心情不好，我选择心情愉快。每次有坏事情发生，我可以选择成为一个受害者，也可以选择从中学些东西，我选择后者。人生就是选择，你选择如何去面对各种处境。归根结底，你自己选择如何面对人生。"

有一天，她在车库门前，被三个持枪的歹徒拦住了。虽然歹徒抢走了她身上一切值钱的东西，但他们还是没放过她，残忍地朝她开了枪。

幸运的是事情发现较早，珍妮被送进了急诊室。经过6个小时的紧急抢救和一个月的精心治疗，珍妮出院了，除了身上留了几块伤疤外，她的身体恢复得不错，没有别的后遗症。

3 个月后，她的一位朋友见到了她。朋友问她近况如何，她说：“我快乐无比。想不想看看我的伤疤?”朋友看了伤疤，然后问她当时是怎么想的。珍妮说：“当我躺在地上时，我对自己说有两个选择：一是死，一是活。我选择了活。医护人员都很好，她们告诉我，我会好的。但在她们把我推进急诊室后，还清醒的我从她们的眼中读到了‘她是个死人’。我知道我需要采取一些行动。”

“你采取了什么行动？”朋友问。

珍妮说：“有个护士大声问我有没有对什么东西过敏。我马上答‘有的’。这时，所有的医生、护士都停下来等我说下去。我深深吸了两口气，然后忍着剧痛大声说道：‘子弹!’在一片大笑声中，我又说道：‘请把我当活人来医，而不是死人。’”

珍妮就这样活下来了。

人生充满了选择，而生活的态度，就是一切。请舒展你紧皱的眉头吧，不要陷入生活中不如意的一面而心烦意乱，情绪消极低沉。不妨随时问问自己：“什么才是要紧事？”这样你就会发现你现有的某些选择与你既定的生活目标冲突，你就完全可以把它们从你的工作表中划去。

在这个喧嚣繁冗的世界上，乐观地对待生活更能让女人的世界五彩缤纷。我们纵观古今中外的文学作品所塑造的女性形象，她们大都有着悲惨的身世，曲折的人生道路和一颗饱受痛苦折磨的心灵。然而，现实生活中依然有很多女子也同样活得痛苦，她们把自己的生活看成是在炼狱，生活只是为了责任。

其实，一个真正懂得生活的女人是不会把自己的生活看做是炼狱的，她们懂得享受生活所带来的痛苦和欢乐。她们知道虽然生活并不尽如人意，但是生活本身就是一段历程，只有懂得去享受痛苦时的刻骨铭心，欢乐时的自由欢畅那才是生活的本来色彩。

曾经有一位作家在异国他乡做客，当他一进门就感到了主人家萦绕的快乐气氛。女主人是一个 50 岁左右的中年妇女，在一般人来看，这样的年龄应该已经很稳重了，可是这位女主人却像一个 20 岁的小姑娘一样，十分快活。令这位作家更加惊讶的是，她们家 70 多岁的老奶奶也一样充满快活的神情。作家在他的文章里这样写道：

“那位老人的眼中充满了孩童般天真的光彩，仿佛时光的流逝并没有在她的眼中留下任何印记一样。”如果女人老了的时候还能像那位老人一样保持着孩童般的纯真与快乐，那么她的一生应该是很美丽的。

下面是一些快乐的忠告，照着去做，你将变成可爱又美丽的女人。

●一旦发现错误就立即改正。

●牢记自己喜爱的诗词歌赋。

●不要花光所有的积蓄或贪睡。

●多读些书，少看些电视。

●毫无保留地去爱，虽然可能因此受到伤害，可是只有这样，才能拥有一个完整的人生。

●意见不合可以据理力争，但不可辱骂对方。

●与一个你喜欢并能谈心的人结婚，因为当你年纪越来越大时，你会发现谈话的技巧变得越来越重要。

●尊重他人，尊重自己，为自己的行为负责。

●如果失败了，千万要记住失败的教训。

●微笑着接听电话，让别人感觉到你的微笑。

●让自己有独处的时间。

●随时准备接受新事物，但不要丢弃应珍惜的东西。

●沉默有时候是最好的答案。

●过快乐及有尊严的人生，那么，当你回想过去的岁月时，就可以再一次快乐地享受人生。

●家对每一个人都很重要，努力创造一个和睦温暖的家。

●多与别人分享你的思想和知识，是达到不朽的途径之一。

●专注自己的事务。

●如果你非常有钱，请用你的金钱帮助别人，这是富有所能达到的最大的满足。

●有时候，得不到想得到的，是一种运气。

●最美好的爱情是彼此对对方的爱远超过对对方的需求。

●用付出的努力去衡量你的成功。

不以物喜，不以己悲，控制好自己的情绪，保持一个乐观的心态可以让你的生活更加丰富多彩。

生活本身就是一个选择，快乐还是悲伤都由你自己做决定去选择。只有快乐的女人才是最美丽的，每天早上起床时告诉自己：我选择快乐，我快乐无比。

幸福感言

快乐是一种态度，一种选择。快乐的女人，不是她的生活里没有痛苦和挫折，而是她选择了一种乐观的人生态度，对自己充满信心。

2. 女人的快乐其实很简单

快乐是一种对人生的深刻理解和感悟，是一种对生活苦难的蔑视和潇洒。其实快乐很简单，笑对艰难的生活，放弃内心太多的不切实际的欲望，你就是一个快乐的女人。

祸不单行，还真是如此。杨丽飞刚刚下岗在家，她妈的身体就得了病，孩子学校又要收钱，种种困难接踵而至。于是烦恼顿生，心情便坏到了极点，整天在失落、沮丧、懊恼、自怨自叹中打发日子。

一日，杨丽飞正闷得发慌时，忽听得门外有口哨声，吹的是印尼民歌《哎哟妈妈》，欢快的曲子穿门而入，带来一种久违了的蓝天、白云、绿草地的气息。仿佛使人一下回到少年不知愁滋味的快乐岁月。少男少女吹着口哨唱着歌儿，骑着自行车去郊游，在天地间挥洒青春激情。长大后，人们便渐渐地开始为情苦，为钱苦，为公忙，为私忙，忙得为自己的心灵唱首歌的时间都没有了。林间小径没有了鸟鸣口哨，月下溪畔没有了小调轻曲，生活成了黑白的底片，了无生机。这时，许多人才发现自己在物质生活越来越好的今天，身心快乐却越来越少。

听着这轻快悦耳的口哨声，杨丽飞猜想有这份闲情逸致的一定是那个年少不懂事的邻家大男孩，正享受着青春的快乐，令人羡慕不已。开得门来，却令她大感意外，吹出如此欢快流畅的口哨的竟是这幢楼的保洁工，一个年近半百的下岗工人。清瘦，黝黑，一年四季都穿着那套看不出本色的工作服。杨丽飞听对门的胖姨说过，他是一家破产企业的下岗工人，家中有个瘫痪的老母，妻子在家服侍老人和孩子，全家的重担落在他一个人身上，日子过得非常艰难。就这样一个被生活重担几乎压弯了腰的保洁工，竟然拥有如此爽朗而快乐的心境，吹着口哨，从顶层往下提走每家门前的垃圾袋，快乐地进行着他的工作。站在门口，与他眼睛对视的一刹那，杨丽飞受到很大触动，因为她看出他的快乐，是发自内心的！

看着保洁工瘦削的背影和着欢快的口哨声一同下楼而去，杨丽飞眼眶有些潮湿。突然间她觉得自己的痛苦和失落是如此的无病呻吟和苍白无力。每个人都在追求生活的深刻和完美，却忽视享受那原始的自然而简约的快乐。既以物喜，又以己悲，但总不以生活中原有的为满足，却为不能得到的而痛苦，让自己的心灵长满了世俗的、物欲的茧花，无法感受生活快乐的真谛，使快乐离我们远去了。

有位哲人说："生活是无可选择的，对它，我们必须接受。唯一的选择就是如何生活。"杨丽飞从内心深处感谢这位快乐而坚强的保洁工，因为是他真正教会了她如何选择生活。作为一个女人，很多时候我们无法躲避生活中的困难与磨砺，但我们可以笑对它，用自己快乐的心情、艰苦的努力和执著的追求去获取成功。

幸福感言

生活带给女人的不光只是幸福快乐，还有不幸、痛苦与无奈。许多时候，女人套在自己脖子上的枷锁，是因为没有正确对待生活，因而从内心深处失去了笑对这些不幸与苦难的勇气。

3. 为自己找个快乐的理由

作为一个女人，如果你希望有一个快乐的人生，如果你希望人生常春，那么就要笑对世界，展现出一副充满活力的面貌，让自己对未来充满期望。

如果一个女人能找个理由悲伤，也一定能找个理由快乐。快乐是对自己的奖励，而悲伤则是对自己的惩罚。任何一个快乐的女人，都懂得去发现快乐，这世界不是快乐太少，而是缺少发现快乐的心。

如果你曾留意雨后走在马路上的孩子，你就会看到当他们发现前面有个小水坑时，便很高兴地跑进去玩着、闹着、笑着；而那些大人则会从水坑边绕过去，不仅绕过去，同时嘴里还嘟嘟囔囔地抱怨个不停。当你的人生陷入低谷时，当你得到不公平对待时，当你因为无端遭到人身攻击时，当你因为某种生理缺陷遭到嘲笑时，你不妨调适一下你失衡的心态，给心情放一个假，营造一个祥和、豁达、坦然的氛围。

你可用幽默化解不愉快，保持一份快乐的心态，也可以进行一些你所喜爱的运动，在空旷的原野上或高山之巅大声喊叫，还可以试着在音乐中徜徉，在宁静中神游……既能呼吸新鲜空气，又能宣泄积郁。

其实，快乐很简单，快乐的方法任何人都可以使用：第一步，若遇到困难，不要惊慌失措，冷静地分析整个情况，找出万一失败时可能发生的最坏情况是什么——难道你会因此而失去生命吗？若不会，那还有什么好怕的。第二步，找出可能发生的最坏情况后，就要在心理上做好接受它的准备。第三步，想方设法改善那种最坏的情况，集中精力解决问题，使情况向好的方面转化。只要你尽力了，你就可以心平气和地玩游戏、唱歌、交新朋友，这些非常舒服，可以使你充满了欢乐，几乎忘了烦恼和病痛。即使是一秒钟以前发生的事情，我们也没有办法再回过头去纠正它，只能改变一些一秒钟以前发生的事情的影响。唯一可以使过去变成有用的方法，就是平心静气地分析过去的错误，从错误中吸取教训，然后再把错误带来的负担忘掉。

每个女人都会有不顺的时候，试着在最不开心和失败时对自己说："这是最糟糕的了，不会再有比这更倒霉的事发生了。"既然"最糟糕的事"都已经发生了，还有什么可怕的呢？既然已经到了最低谷，那么以后就该顺利了。

寻找快乐，就不可专注于负面的情绪，不要总是提醒自己："这事上次没做好，这次千万不要再出差错"、"这段路总是出交通事故"等等。否则，只会使心里更紧张。懂得快乐的人就会避免用失败的教训来提醒自己，而常用一些积极性的暗示，比如"这事我最拿手，一定会做好"、"经过这段路时应该减慢速度"等等。这种积极的暗示，比起向自己强调负面结果要好得多。

寻找快乐，就别给自己贴上失败的"标签"，不要总是对自己说"我不行"、"我做不了"、"大家都不喜欢我"等等。其实，真正能够击倒你的人恰恰是你自己，你应该多给自己一些激励与信心，相信自己并不比别人做得差，相信成功一定会属于快乐的人，你就一定会做一个成功的快乐女人！

懂得调节自己的情绪，笑对人生，满怀希望地寻找快乐的踪迹，这样的女人，快乐才能围绕她跳起优雅的舞步。

幸福感言

只要对生活满怀信心，对他人怀抱善意，心地常宽，那你就一定能豁达乐观，笑意自生，做一个快乐幸福的女人。

4.快乐的女人善于编制自己的“快乐方程”

一个女人没有权力选择与生俱来的外貌，但她完全可以选择心灵的幸福和快乐，做自己喜欢做的事，这任何人都不能左右她。

有的女人一生热衷于追求金钱、享受、虚荣，她们相信，当得到了这些东西之后，快乐就随之而来了。不过，等到她们耗费毕生力气追到手之后才恍然大悟，快乐非但没有来，反而换来了痛苦。

快乐的女人知道，快乐是人生最重要的东西，也是一种生活的态度；而那些经常抱怨生活，或者活在痛苦边缘的女人，她们羡慕别人的快乐，也希望自己能生活得快乐，但她们总是跨不进那扇快乐之门。

要追求快乐的生活，看似容易，却需要相当的智慧。

快乐的女人知道自己生活的目标，她们懂得改变自己，调整自己，总以乐观的态度对待生活。她们会编制自己的“快乐方程”，得出五色缤纷、幸福快乐的解。

①快乐就是一辈子做自己喜欢做的事。

②快乐是全力以赴，追求超越。

③快乐就是内心充满希望。

④快乐的女人只问耕耘，不问收获。

⑤凡事顺其自然，不必强求，就能快乐。

⑥一个女人一旦只为钱而生活，那就注定与快乐绝缘。

⑦快乐不是一种兴奋剂，而是一种心灵的安定剂。

⑧快乐的女人懂得珍惜，她们从不埋怨自己缺少什么，而会珍惜自己所拥有的。

⑨以工作来实现人生的价值时，生命就充满了快乐；以工作为满足物质欲望的手段时，生命就变成了无奈。

⑩快乐无所不在，无处不有！

能编自己“快乐方程”的女人活得都很有味道，很潇洒，也很豁达。她们领悟到生命的无常，深知不知何时灾难突然就来，唯有保持豁达才能从容应付。

很多不快乐的女人，她们痛苦的根源是因为“把自己摆错了位置”。快乐的女人非常清楚如何安排生活，不快乐的女人，每天睁开眼睛总是怀疑地自问：“我究竟要干什么？”

很多女人，当她们下了班之后，不是聚在一起搬弄是非，就是坐在麻将桌旁消磨时光，生活得很无聊。这种女人一定是摆错了位置，她们有太多的欲望，由于不知道割舍，想要的太多，结果反而掉入痛苦的深渊。

所以说，要找快乐，就得懂得做出选择，看你究竟需要什么，金钱、享受、虚荣还是快乐？心理学家认为，快乐的来源包括“新的刺激”与“不断超越”。这就说明了那些酷爱山的人，为什么总是喜欢向高峰挑战的道理。

快乐是一种生活的态度。假使一个女人一辈子物质生活丰富，却没有快乐，仍旧只能算是虚度此生。

物质上如果保持恬淡，精神上就能有更大的空间去丰富它。而且，物欲上的享受递减速度反而特别快。人们常叹人生无奈，

总是有牵扯不完的琐事，不是担心这个，就是担心那个。在短暂的一生中，每个女人都应该留一些空间做自己想做的事。而且，只问耕耘，不问收获。

善待生活，释放心灵，选择快乐，这样的女人才能在人生的道路上走得婀娜多姿，走得轻灵飘逸。

幸福感言

女人一生的终极目标就是幸福和快乐。一个不幸福的人生等于枉度一生，一个没有快乐的人生也等于虚度此生。从现在开始，追求你一生的幸福与快乐吧！

5. 知足的女人才能常乐

每个人都有自己的不幸，每个人也有自己的幸福。女人容易看到的往往是别人的幸福，并因此而心理失衡。其实知足才能常乐，当一个女人珍惜她所拥有的生活时，她更容易得到幸福。

一天，异常憔悴的史密斯太太来到一个心理医生的诊所。一进门她就喋喋不休地诉说自己如何的不幸，丈夫弃她而去，刚刚上中学的孩子也不愿回家陪陪她，又因炒股票而赔了一大笔钱……

“那么，你能说说你丈夫抛弃你的原因吗？”

“我也没和他吵架，只说邻居詹姆斯很能干，又开了一家快餐店，而且生意红火得不得了，而相比之下，哎呀，我丈夫简直是个笨蛋，连一个蛋糕房都经营不好还要赔本。”

“孩子们呢？”

“他们，太让我失望了，每次考试不是C就是D，害得每次家长会都让我丢脸。”

“那你为什么要炒股票？”心理医生继续问道。

“噢，天啊，我的朋友珍妮炒股赚了一大笔，她的那部林肯轿

车就是炒股票赚的，她行为什么我不行？”

心理医生问完这些问题后，没有说什么，而是给她讲了一个有关乡下老鼠和城市老鼠的故事：

城市老鼠和乡下老鼠是好朋友。有一天，乡下老鼠给城市老鼠打了个电话，邀请他到乡下来玩，他说：“老兄，有空请到我家来玩，在这里，你可以享受乡间的美景和新鲜的空气，过着悠闲的生活，不知意下如何？”

城市老鼠接到邀请后，非常高兴，立刻动身前往乡下。到那里后，乡下老鼠拿出很多小麦招待城市老鼠。城市老鼠不屑一顾地说：“你怎么能够老是过这种清贫的生活呢？吃得这么差，住得这么简陋，多没意思呀！还是到我家玩吧，我会好好招待你的。”

乡下老鼠于是就跟着城市老鼠进了城。

乡下老鼠看到城市老鼠这么优越的生活条件，羡慕极了。想到自己的辛劳和艰苦，寒酸和贫穷，觉得自己实在太不幸了。

他们亲热地聊了一会儿，觉得肚子有点饿，就爬到餐桌上开始享受美味的食物。突然，“砰”的一声，门开了，有人走了进来。他们吓了一跳，惊慌失措地躲进墙角的洞里。

乡下老鼠吓得忘了饥饿，愣了一会儿，突然戴起帽子，对城市老鼠说：“乡下平静的生活，还是比较适合我。这里虽然生活优越，但每天都担惊受怕，倒不如回乡下吃麦子来得快活。”说罢，乡下老鼠就离开城市回去了。

“那你的意思是说，我就什么都不去想，啥也别去做，任生活就这样糟糕透顶下去？”史密斯太太盯着心理医生的眼睛问。

“不，不，我的意思是，你应该在发脾气前，多想想这个故事，然后再想方设法去解决你们所面临的问题。当然，我是说真正的问题，而不是在与别人比较出来的那些所谓的‘问题’。”

听了心理医生的一番话，史密斯太太终于明白了其中的道理，高高兴兴地出了诊所的大门，满脸愉快之情。

俗话说：“人比人，气死人。”女人往往容易看到别人比自己好的地方，并因此心境难平。我们应该像那只乡下老鼠一样，更看重自己已拥有的生活，再心平气和地去改进自己的处境。对于别人的优越，你再气，也起不到任何作用，反倒是伤害了自己的身心，非常不值得。

幸福感言

女人最容易害红眼病，攀比别人，因而给自己带来痛苦，失去快乐，这又何必呢？其实，知足的女人才能常乐。

6. 追求完美的女人不快乐

人生不可能完美，任何追求完美人生的女人都是在做一个不可能实现的美梦，当梦醒的时候便会掉进痛苦的深渊。只有走出这种追求完美的心境，努力与环境共存，乐观地面对人生，你才能做一个真正快乐的女人。

在佛教的《百喻经》中，有这样一则可笑而发人深省的故事。在印度有一位富商娶了一个婀娜多姿、面貌秀丽的妻子，两人情深义重，恩恩爱爱，是人人称羡的神仙眷侣。这个妻子眉清目秀，性情温和，美中不足的是长了个酒糟鼻子。柳眉、凤眼、樱桃嘴，可在她漂亮的脸蛋上，却长着个酒糟鼻子，好像失职的艺术家，对于一件原本足以称傲于世间的艺术精品，少雕刻了几刀，显得非常的突兀怪异。于是这位妻子终日对着镜子，一面抚摸着这只丑陋的鼻子，一面长吁短叹，埋怨上帝的残忍。

这位富商也是看在眼里，痛在心上。一日出外去经商，行经一贩卖奴隶的市场，宽阔的广场上，四周人声鼎沸，争相吆喝出价，抢购奴隶。广场中央站了一个身材单薄、瘦小清秀的女孩子，正眼含泪水，惊恐不安地环顾着这群如狼似虎、决定她一生命运的大男人。这位丈夫仔细端详女孩子的容貌，突然间，他被深深地吸引住了。好极了！这女子脸上长着一个非常漂亮的鼻子，于是他高价买下了她！

这位富商兴奋异常，带着女孩子日夜兼程赶回家门，想给心爱的妻子一个惊喜。到了家中，把女孩子安顿好之后，用刀子割下女孩子漂亮的鼻子，拿着血淋淋而温热的鼻子，高声叫喊：

“夫人！快出来哟！看我给你买回来最宝贵的礼物！”

“什么样贵重的礼物，让你如此大呼小叫的？”妻子疑惑不解地应声走出来。

“喏！你看！我为你买了个端正美丽的鼻子，你戴上看看。”

富商说完，乘其不备，抽出怀中锋锐的利刃，一刀朝妻子酒糟鼻子砍去。霎时妻子的鼻梁血流如注，酒糟鼻子掉落在地上，富商赶忙用双手把漂亮的鼻子嵌贴在伤口处，但是无论丈夫如何努力，那个漂亮的鼻子始终无法黏着于妻子的鼻梁。

可怜的妻子，既得不到丈夫苦心买回来的端正而美丽的鼻子，又失掉了自己那虽然丑陋、但实实在在的酒糟鼻子，并且还受到无妄的刀刃创痛。而那位糊涂富商的愚昧无知，更是叫人可怜！

人生确实有许多的不完美，但我们可以选择走出不完美的心境，而不是在“不完美”里哀叹。这样的女人，才会拥有一个充满笑声的美好人生。

幸福感言

追求完美几乎是现代女性的通病：对于自身来说，隆胸、瘦身、文眉、割双眼皮等等，都大为流行，女人们趋之若鹜，不惜血本追求潮流。对于婚姻家庭的苛求就更不用说了。然而不幸的是，有些女人以为自己是在追求完美，其实她们才是最可怜的人，因为她们是在追求不完美中的完美，而这种完美，根本不存在。她们甚至在追求中，丢失了自己拥有的美的东西。

7. 烦恼处处有，看开自然无

境由心生。快乐的女人能精心培养自己的心境，常释怀，常宽恕，常清心，常寡欲，让快乐的心享受快乐的生活。

有一位非常喜爱兰花的高僧，他在寺庙里栽种了许多兰花，每天都要抽出一定时间去照料这些花。有一天，他要外出云游，就交代弟子：要精心照顾寺里的兰花。

高僧走后，弟子们遵照师父的吩咐，把兰花照顾得妥妥当当。但有一天在浇水时却不小心将兰花架撞倒了，所有的兰花盆都摔碎了，兰花散了一地。弟子们非常恐慌，生怕师父回来后责罚。

高僧回来后，得知此事，不但没有责怪，反而安慰弟子道："为师种兰花，一来是希望用来供佛，二来也是为了美化寺里环境，不是为了生气而种兰花的。你们不必自责。"

高僧说得好："不是为了生气而种兰花的。"这是何等平和开阔的胸怀啊！他之所以看得开，是因为他虽然喜欢兰花，但事情已发生，为此生气，于事无补，且有违初衷。

在日常生活中，总有许多女人遇事不能释怀，看不开，放不下，所以她们情绪起伏，她们不快乐。在生气之际，一个女人如能多想想："我不是为了生气而结婚的。""我不是为了生气而教书的。""我不是为了生气而交朋友的。"那她一定会成为一个非常快乐的女人。所以，请记住一句话：生气是用别人的过错来惩罚自己。

世界上没有一个人，每一天的日子都晴空万里，一个乐观聪明的女人懂得去寻找快乐，并放大快乐来驱散愁云。遇上高兴的事，她会迅速告诉给亲人和朋友，在分享中把快乐带给更多的人。她不会给自己和家人设置心灵障碍，不会让鸡毛蒜皮的小事杂陈心头，她会定期清理心里的垃圾。

其实烦恼并没有那么多，而快乐却无处不在，只要你善于发现，生活中充满快乐：买到自己喜欢的漂亮衣服；吃到自己想吃的美味食物；想睡的时候，安心睡一大觉；想玩的时候，尽情去玩；有自己喜欢的宠物，有无话不谈的知己……只要有其中之一，能够随心所欲，就找到了令人快乐的理由。

在生活里，有许多东西是人无法改变的，强求只会徒增烦恼；或者说，与其要改变生活里无法改变的东西，不如改变自己，变烦恼为快乐。比如说，有的女人将其一生的快乐寄托于身外之物，比如财产、地位、男人、朋友、父母、子女、社会等等，一旦失去了这些，便受到沉重打击，她幸福和快乐的所有根基也就随之被毁坏了。类似于这样的将人生的重心都交付于金钱和名利，交付于世俗的认同和他人的评判，而不把重心放在自己身上的女人，与人类快乐的根源相距甚远。

如果一个女人快乐的根源就在于金钱和由金钱带来的地位、豪华和挥霍的生活，那并不是很难的，尤其是对于漂亮女人来说，拥有高级的别墅，漂亮的名车，有情调的朋友，舒适的旅行并不是很困难。但这所有的快乐都是根植于外在事物里的。这样的女人就好比是一个依靠药水甚至是大滋大补的灵丹妙药而维持健康的病人，一旦离开药罐她就要命归西天。

一个真正快乐的女人也许钱不多，没有出众的美貌，没有显赫的地位，没有显著的才华；但有的是闲暇、闲情，有某些爱

好，有某种特长，有学问做，有书读，有健康来创造时光和生命，有心智来创造愉悦和激情。快乐的女人，能找到自己最情愿做的和最容易做的事。

女人快乐是因为有一颗快乐的心，世上没有寻找不到的快乐，只有不肯快乐的心。

幸福感言

快乐是一种抽象的感受，它与年龄、性别和家庭背景无关，而是来自于遇事看得开的智慧和豁达开朗的胸怀，来自于一份轻松的心情和健康积极的生活态度。一个真正快乐幸福的女人常常懂得这一点，并会放大这种心情和态度来驱散生活的愁云。

8. 凡事要往好处想

一个女人的思想状态决定她一生的幸福。消极的女人，遇事只往坏处想，看不到好的转机，把自己压在悲观的巨石下，痛苦地度日如年。而积极乐观的女人，凡事都向好的方面想，相信问题总会解决，对未来充满希望，那她也就真的快乐地生活，拥有一个充满笑声的人生。

翠花的一生充满不幸，但她却并没有因此而痛苦一生，因为她的心总浸泡在希望的蜜汁中。19 岁那年，她嫁给了邻村跑生意的强生，可结婚不到半年，跑到邻省进货的强生便如同泥牛入海，再也没有了音讯。村邻们纷纷猜测：有人说他死在了土匪的枪下，有人说他被抓了壮丁，还有人说他可能是病死他乡了……而那时，她已经有孕在身。

丈夫失踪几年以后，村里人都劝她改嫁，没有了男人，孩子又小，这日子可怎么过？她没有走。她说，丈夫生死不明，也许在很远的地方做了大生意，说不定哪一天发了大财就回来了。儿子在她的精心照顾下，健康地成长，家在她勤劳的双手支撑下，虽艰辛但不乏笑声。

日子就这样一天天地过去了，在她的儿子 18 岁的那一年，一

支部队从村里经过，她的儿子参军走了。儿子说，他到外面去寻找父亲。

不料，儿子走后又是音讯全无。有人告诉她说儿子死在战场上，她不信，一个大活人怎么能说死就死呢？她甚至想，儿子不但没有死，而且当了大官，等打完仗，天下太平了，就会回来看她。她还想，也许儿子已经娶了媳妇，给她生了孙子，回来的时候是一大家子人了。

虽然儿子依然杳无音信，但这个想象给了她无穷的希望。她比以前更勤劳，对生活更有劲头，在下田种地之余，还做绣花线的小生意，不停地奔走四乡，积累钱财。她告诉人们，她要挣些钱盖一院新房子，等丈夫和儿子回来的时候住。

有一年她得了大病，医生说她没有多大希望，但她最后竟奇迹般地活了过来。她说，她还不能就这样死了，儿子还没有回来呢。翠花一直健康地生活着，她不时念叨着，她的儿子生了孙子，她的孙子也该生孩子了。而想着这一切的时候，她那布满皱褶的核桃壳一样的脸上，总会变成绣花一样绚烂多彩的花朵。翠花最终活了102岁，她是村上最不幸的女人，但却是最长寿的一位。

翠花的一生，我们无法用语言评述，然而，一直处于不幸遭遇中的她，却用别人无法想象的“快乐思维”，使自己不但顽强地生存了下来，而且到了百岁的时候还笑得那样灿烂，那样美丽。可以说，这全都是遇事总往好处想的结果。

有一位女子，长得很漂亮，可她总觉得自己的鼻子有些缺陷，所以一直没有勇气和异性接触，从而给人一种拒人于千里之外的感觉。

有一天，她下定决心去做了整容手术。从此她一扫过去灰暗的形象，变得开朗活泼。她本来就漂亮，再加上性格的转变，使她成了人们的宠儿。终于她和自己所喜欢的男子结了婚。

婚后她告诉丈夫她曾去动过整容手术，可是令她惊讶的是，她的丈夫根本就没注意她的鼻子，于是她就追问，为什么在她动过手术之后他才来和她交往呢？丈夫说，因为她变开朗了，所以就让人感到容易亲近。

可见，是消极悲观的想法约束了这位女子，并不是她容貌的问题。如果你对自己有一些心理疑虑，其实就像这位女子一样，一切都想得太多了。因为你自以为是问题的地方，对别人而言可能根本就不是问题。

所以，为一些无谓的心理疑虑伤脑筋是很不值得的。也许你应该积极地表现自己健康开朗的一面，这才是对的。这里要劝那些与人交往采取消极态度的女人，尽可能地赶快改变她们的处世态度。

也许你会觉得要改变自己的性格并不是那么简单。这时候你不妨遇事光想好的一面，用积极的心态改变自己的性格，就如前面所讲的那个翠花一样。

有许多女人的不快乐，其实并不是遇到多么不开心的事，而是只看到了消极的一面，并人为地把这种不开心放大了。所以，快乐的女人遇事总往好处想，总能以乐观的态度对待生活。

幸福感言

一个女人，只要能凡事往好处想，突破自己的心理局限，用积极乐观的心态对待生活的不如意，那她一定会做一个快乐的女人。

9. 快乐女人的八个心法

每个女人都在寻找快乐和幸福，其实，一个女人要想得到快乐和幸福就必须从自身修炼开始，掌握一定的心法。

快乐是一种心理的感受，而美国一家把幸福作为研究目的的科研机构得出结论，快乐来自于一份轻松的心情和健康的生活态度。研究者通过对生活得轻松而快乐的女人研究，总结出了8个在生活中做个快乐女人的心法。

（1）不抱怨生活

幸福的女人并不比别人拥有更多的幸福，而是因为她们对待生活和困难的态度不同，她们从不问“为什么”，而是问“怎么做”，她们不会在“生活为什么如此不公平”的问题上做过多的纠缠，而是努力去想解决问题的方法。

（2）不贪图安逸

懂得快乐的女人总是离开让自己感到安逸的生活环境，去积极寻找挑战，改变自己，提高自己。从来不求改变的女人自然缺乏丰富的生活经验，也就难以感受到幸福。

(3) 感受友情

广交朋友并不一定能带来快乐的感觉，而一段深厚的友谊才能让你感到快乐，友谊所衍生的归属感和团结精神让人感到被信任和充实，快乐的女人几乎都拥有许多朋友。

(4) 勤奋工作

专注于某一项工作能够刺激人体内特有的一种荷尔蒙的分泌，它能让人处于一种愉悦的状态。研究者发现，工作能发掘人的潜能，让人感到被需要和责任，这给予人充实感，并从中获得一种被认可的自信和激情。

(5) 生活有目标

快乐的女人总能为自己树立清晰的目标。通常我们忽视目标的作用，却不知道目标的实现能给我们带来幸福感受，你可以把你的目标写下来，让自己清楚地知道为什么而活。

(6) 给自己加油

通常人们只有通过快乐和有趣的事情才能够拥有轻松的心情，但是一个真正乐观的女人能从恐惧和愤怒中获得动力，她不会因困难而感到沮丧。她知道自己鼓励自己，懂得自我暗示的力量，经常为自己加油打气。

(7) 生活有规律

快乐的女人从不把生活弄得一团糟，至少在思想上是条理清晰的，这有助于保持轻松的生活态度，她们会将一切收拾得有条不紊。有序的生活让女人感到自信，感到生活的美好，也更容易感到满足和快乐。

(8) 心怀感恩

消极悲观的人把精力全集中在对生活的不满之处，而快乐的女人把注意力集中在能令她们开心的事情上，所以，她们更多地感受到生命中美好的一面，因为对生活的这份感恩，所以她们才感到幸福快乐。

幸福感言

也许你是一个满怀忧伤的女人，把自己的心浸泡在不幸的苦涩中，沉沦悲观，无法自拔。但只要你掌握快乐的方法，调整好自己的心态，快乐会离你越来越近，你最终会发现，快乐对你来说并不是奢望。

10. 微笑让女人的世界更美丽

微笑是女人从内心深处盛开的一朵花。把这朵花送给别人，既悦人又悦己，世界将更和谐美丽。

每天微笑的女人是一个崭新的人：带着微笑迎接初升的朝阳，带着微笑奔赴工作的岗位；独处时保持微笑，与人相遇时向对方微笑致意；忙碌时微笑，休闲时也微笑——这些都说明你是一个快乐的女人。

微笑，是一种你可以付出的快乐。

一个老太太，已衰老到走路都不能自如的境地，还坚持在景山公园的台阶上，一级一级地往上蹭。她的脸上阳光灿烂："这是我每天最快乐的事呀！"

一个女职员，整天在办公室忙碌，无非打印个文件，收收发发，很琐碎，往身后一看什么都留不下。可她微笑着说："工作使我快乐。"

一个操劳了一辈子的母亲，不穿金，不戴银，不讲吃，不讲喝，每日依然辛劳不辍，笑呵呵回答儿女们的是："全家的平安就是我最大的快乐。"

她们的笑都源于快乐的付出，她们付出汗水，付出努力，付出爱心。所以，她们笑得灿烂，笑得舒心。只要你心中快乐，你

就应发自内心地微笑。

心情是会写在脸上、身上的。心情愉快时，和人擦肩而过，对方从你的脸上、走路姿态上都能感受到你的愉快。如春风拂过一样，对方也会感染到一丝丝喜悦。

在上班途中，我们不再注视匆忙的行人、持月票的乘客和那些被钉牢在方向盘后的人的面容。试试看，把焦点放在那些蹦蹦跳跳背着书包、挽着父母手的小孩身上，他们将把欢乐传播给你。

你可以向任何人展露你的微笑，看看他们是否也注意到你的微笑，并有所回应。通常一个微笑就会带来另一个微笑，微笑是个注意和肯定他人的积极方法，也是两个人沟通的开始。

你可以用微笑增加脸上的神采，并且让积极的活力改变周围的气氛。注视人们的脸庞吧！一旦你集中焦点于一个人，就会注意他外表之下的内心世界，并且深入其中，去发现他人的人格特点。法国服装设计师香奈尔曾直言不讳地说：“上天在你20岁时给了你这张脸，在你50岁时，你就得为自己的脸负责。”

做个爱笑的温柔女人吧！当你把微笑送给别人时，你就会体验到一种真正的愉悦，你的世界将变得更加美丽。

幸福感言

微笑是一个女人付出的快乐，它不费分文但给予甚多，为家庭带来愉悦，在同事中滋生善意，让温馨在人间弥漫。

11. 笑容是女人征服世界的利器

“一笑倾人城，再笑倾人国。”女人的笑容往往具有强大的力量。一个真正懂得笑的女人，总能轻松穿过人生的风雨，迎来绚烂的彩虹。

柳笑梅是一名大学生，虽然她的名字很好听，但外貌却很丑，校园里的那些帅哥和靓妹们经常嘲笑她，叫她“超级恐龙”，更有甚者干脆直呼她“夜叉婆”。

每当同学这样叫她时，她非常气愤和羞愧，但却无可奈何，有时甚至掩面大哭。人常说，大学的生活最美好，可她的生活就像在炼狱一样，她也总是试图躲避人们的视线，甚至躲在宿舍里不敢出来。

有一天，当她又因为同学的嘲笑而暗自垂泪的时候，被管理校园花草的王师傅看见了，问明原委后，王师傅告诉她一些能使人变漂亮的秘诀：

第一，脸上经常挂上笑容，遇到同学甭管他如何对待过你，都要主动亲切地打招呼。

第二，绝不自伤自怜，学会坚强勇敢，别总是把自己的长相放在心上。

第三，乐于助人，用一颗友善的心去对待别人。

王师傅说："只要你能照着这些秘诀去做，三个月后你一定会变成全校最吸引人的姑娘。"

于是柳笑梅听从了王师傅的话，全心全意地按这些秘诀的要求去做。精诚所至，金石为开。没有多久，同学们对她的态度发生了巨大变化，不再嘲笑和讽刺她，她果真成了全校同学中最受欢迎、最有人缘、最易于相处的人了。而且由于她的脸始终是微笑着的，就像五月的丁香花一样，虽不美丽，却很宜人。所以同学们都说："原来她并没有那么丑，还是很漂亮的啊!"

女人的笑容因给予自己和身边的人以幸福快乐而更有魅力。可以想象，脸上总挂着笑容的女人，她们的心灵是多么的美好。而她们的未来，也是可以预见到幸福。

一家信誉特好的连锁花店，高薪聘请一位售花小姐，招聘广告张贴出去后，前来应聘的人有四五十个。经过仔细的筛选后，老板选出了三位女孩让她们每人经营花店一星期，以便最终挑选一人。这三个女孩长得都很漂亮，很适合卖花，她们一个曾经干过售花工作经验丰富，一个是花艺学校的应届毕业生，余下一个只是一位待业青年。

有过售花经历的女孩一听老板要以实战来考验她们，心中窃喜，毕竟这工作对于她来说是驾轻就熟。每当有顾客进来，她就不停地介绍各类花的花语以及给什么样的人送什么样的花，几乎每一位顾客进花店，她都能说得让人买去一束花或一篮花，一个星期下来，她的成绩非常不错。

轮到花艺学校的女生经营花店时，她充分发挥自己所学的专业知识，从插花的艺术到插花的成本，都精心琢磨，她甚至联想到把一些断枝的花朵用牙签连接花枝夹在鲜花中，用以降低成本……她的专业知识和她的聪明为她一星期的鲜花经营也带来了相当好的业绩。

待业女青年经营起花店时，则有点放不开手脚，甚至刚开始都有一点手足无措。然而她置身于花丛中的笑脸简直就是一朵花，从内心到外表都表现出一种对生活、对工作的热忱。一些残花她总舍不得扔掉，而是修剪修剪，免费送给路过花店的小学生，而且每一个买花的顾客，都能得到她一句甜甜的祝福——“鲜花送人，余香留己。”这听起来既像女孩为自己说的，又像是为花店讲的，也像为买花的顾客讲的，简直是一句心灵默契的心语……尽管女孩努力地干了一星期，但她的业绩和前两个女孩比有一定差距。

出人意料的是，老板最终竟然选择了那个待业女青年。人们不解——为何老板放弃业绩好的女孩，而偏偏选中业绩差的女孩？

老板自有他的道理，他说：用鲜花挣再多的钱也只是有限的，用如花的心情去挣钱才是无限的。花艺可以慢慢学，经验可以积累，可如花的心情不是学来的，因为这里面包含着一个人的气质、品德……

幸福感言

其实，女人的笑容，不止有“回眸一笑百媚生”的魅力，其背后往往还蕴藏了巨大的力量。这种力量不但能以温柔的方式化解人生际遇的各种坚冰，还能引导你直接到达光明的圣地，领略到生命的最美境界。

12. 笑对生活的风雨

女人的一生，难免有坎坷，遇困境，不可能一帆风顺。对生活充满信心的女人，总能笑对这些不幸，用快乐抚平生活的创伤，活出一份精彩。

小王刚搬入一栋楼里，就发现楼前的空地上有一家小吃摊，经营油条、豆浆、包子、稀饭等小吃。摊主是一位四十岁左右的中年男人，虽然神情有些疲倦，但他脸上始终挂着一种平和而又温暖的微笑。虽然小吃摊的生意并不好，但他脸上的笑容并未因此而消失，依然笑对着时间的流逝和人来车往，淡然如云。

因自己客居他乡，生活没有规律，于是小王的早餐或晚餐常在他的小吃摊上将就，时间一久，便也与他混得半熟。

慢慢地从他的口中小王得知，他妻子前年遭遇了车祸，至今仍然躺在床上，儿子读高三，正是需要花钱的时候，不巧的是今年他也下岗了，贫困的生活犹如雪上加霜，没办法，只好出来经营小吃摊，能多赚一点就多赚一点，尽量把家支撑下来……令小王吃惊的是，当他叙说这些常人难于承受的不幸时，脸上平和的微笑仍然没有丝毫的改变。

一天小王在他摊上吃过晚餐正准备离去时，被他叫住了，他笑着说：“师傅，今天我运家什的板车坏了，你能不能帮我搬点东西回家？”小王爽快地答应了。

一走进他狭窄简陋的家，小王就被半埋于枕头上的一张笑脸感动了——这是他的妻子，躺在床上侧过脸对着他微笑着，正如他的微笑——平和而又温暖。从她脸上，根本找不到一丝半点重残在身、卧床已久、生活贫困的人所表露出的烦躁、孤僻、茫然、嫉恨、厌世等神情。这张脸虽然苍白、清瘦，但洋溢出来的微笑，却如花般明媚、灿烂，使得简陋的房间温馨如春。他们好像无视外人的存在，他坐在她身边，问她的身体状况；她用手摸摸他的脸，询问他累不累。那轻柔的声音和悦耳的笑声，像空气一样在房间里流淌。而更加令人感动的是，他们放学回来的儿子，脸上的微笑一如他的父母，在平和、温暖之中，还透出一种希望。

小王非常感动，也突然地明白了他们那如花般微笑的原因了，更深深感受到了隐藏在这种微笑背后无可比拟的力量——对生活的信心。

幸福感言

一个女人，如果对生活充满信心，她才能微笑着支撑起一个真正幸福的家庭，哪怕遭受再大的不幸和厄运，都能够平安、快乐地面对和度过。

13. 笑对他人

> 笑是一个女人脸上最美的表情。它可以辐射和传递，像春风，像阳光，拂开别人脸上的愁云，温暖他人冰冷的心窝。

记得有一次我在信中向朋友倾诉心中的烦恼和忧愁，回信中她说：“没想到，你这个爱笑的女孩，在温柔灿烂的笑容背后，也有许多泪水和哀愁……”

任何人都有忧伤痛苦的时候，只是我不愿将消极悲观的一面表现出来罢了。如果选择了冷漠待人，便会觉得生活像是栅栏；选择了热情待人，便会觉得生活像是喷泉。我常常笑对他人，我想这样别人和我相处就会感到如沐春风。即使是情绪不好，我也会努力克制自己的情绪，不让自己悲观消沉的情绪浸染了别人。

法国作家雨果说：“笑，就是阳光，它能消除人们脸上的冬色。”我很喜欢这句话。不是吗，他人就像一面镜子，你给他以笑容，他也同样报你以笑容。

在被别人误会了的时候，心中堵得慌，可我不会据理力争地去解释什么，争辩什么，更不会反唇相讥去伤害别人。我会用真诚的笑容去融化误会的寒冰。我相信笑如融融春阳，而误解的寒冰，将会在笑的光芒中融化成沁人心脾的春水。

当自己的真情被别人轻易抛弃的时候，我会感到很痛心，可是我不会大吵大闹，更不会用不理智的行为去恶意报复别人。我明白：只有用豁达的胸襟，才能拨开层层迷雾，转忧为喜。叔本华曾说："笑口常开者幸福如春。"在给予别人宽容的同时，我自己也得到了一份欢乐的心情。

在朋友伤心失意时，给她送去的慰藉和微笑，便是最好的礼物。那时候，善意真诚的微笑像是黑夜里的篝火，海天相接处的白帆，使她驱散忧愁，重新对生活燃起希望。

俗话说：伸手不打笑脸人。在自己不慎做错事时，被伤害的人一定会不高兴。我觉得这时候要平静地面对他人的批评和指责，即便是暴跳如雷的泄愤。在承认过错的同时，笑着道歉，歉疚的笑定会春风化雨，浇灭燃烧的怒火，换来真诚的谅解。

在人生的巅峰，事业有成、爱情美满时，我们当然可以笑逐颜开，但更重要的是在挫折和困难面前，我们要保持笑容。因为，生活不相信弱者的眼泪，它只对乐观进取的人微笑，而在每个人的笑容背后，蕴含的正是一种乐观的精神。它会给我们意志力、勇气和信心，是战胜困难的温柔而有力的"武器"。

笑，就是阳光，它能消除人们脸上的冬色。他人就像一面镜子，你给他以笑容，他同样报你以笑容。

幸福感言

女人的一生虽有许多风风雨雨、艰难困苦，但生活的本身是美好的，不好的只是你的心情。"人心不可一日无喜神"，喜形于色，便是笑：或甜蜜的笑，或舒畅的笑，或开怀大笑，这些都会化为和煦的春风吹开人间心花万朵，使人世间永远春意盎然。

14. 李亦非——笑容让她在《财富》上绽放得更美

> 乐观进取是任何一个成功女性所必备的素质之一。一个整天愁眉苦脸、悲观沉沦的女人，只配在狭小的天地里自怜自叹，根本不可能品尝成功的甘甜，绽放五彩的辉煌。

在美国《财富》杂志首次进行的2001年度50位国际商界女强人评选中，维亚康姆公司旗下的MTV全球电视网中国区总经理李亦非荣幸当选。随后，李亦非还在《财富》选出的25位全球企业新星中名列榜首，并成为其封面人物，为中国女性争得了荣誉。

对于李亦非的入选，《财富》杂志做了如下的评价："在她的带领下，通过MTV的节目为中西方年轻人的文化交流提供了一个轻松的平台，促进了中西方年青一代的相互理解和沟通，这甚至比她为MTV中国区带来的利润更加具有影响力。"

李亦非能获如此高的评价和荣誉，虽和她MTV中国总经理的身份有关，但更离不开她的乐观自信，不懈努力。

作为全球三大传媒和娱乐业巨头之一的维亚康姆公司，多年来一直想进军庞大的中国市场，苦于没恰当的契机和合适的人选。37岁的李亦非，乐观自信，刚柔并济，精力充沛，为维亚康

姆的当家招牌 MTV 在中国市场开疆拓土的最佳人选。

李亦非走马上任后，大刀阔斧，努力拼搏，轰轰烈烈地干了起来。在她的带领下，MTV 虽然尚未达到盈利目标，但其良好的发展势头却让人看到了希望所在：MTV1999、2000 年连续与中央电视台举办两届 CCTV—MTV 音乐盛典，获得空前的成功，特别是 2000 年，此节目收视率曾高达 7.8%，比上一年高了两倍；开辟了一档新节目《丽丽点唱机》，并把它推向全国；在维亚康姆总裁萨默·雷石东先生访华时她成功地促成了在中央音乐学院设立奖学金一事；从 2000 年 4 月开始，她先后在全国 30 个城市举行了“可伶可俐巡回”活动，在校园里邀请时尚女生上《MTV 天籁村》节目，在广大的年轻人当中形成了良好的口碑；与新浪网合作，成功地举办了夏日演唱会，在社会上引起了巨大的反响。

李亦非的努力付出获得了世人的认可，也取得了巨大成就。但她心里明白，无论对她，还是对 MTV，路还只刚刚开始。因此，成为《财富》封面人物的她，在接受采访时仍能谦逊平静地说：“他们选中我，可能是因为我碰巧拍了一张比较好的照片吧!”

工作中，李亦非是美丽智慧的现代女性；生活中，她是一位勤快负责的妻子和温柔慈爱的母亲。同样是清爽的书卷味和气息，但你觉得李亦非与杨澜不同。的确，李亦非的美丽是英姿勃发，神采奕奕，她更像是个丰神俊朗的翩翩美少年。

李亦非确实是个能够驾驭自己的高手，她不但把自己的生活安排得充实有序，她还在安排自己未来的事业，这需要巨大的勇气和足够的自信。她对生活充满自信，乐观开朗的脸上经常挂着微笑，不管是工作的挑战、生活的压力，她都能以一种乐观积极的心态对待，从不给自己消极的机会。

李亦非对自己要求非常严格，她的座右铭是不懈的努力，从不放弃，从不拖拉，从不允许自己懒惰，并且用乐观的心态不断激励自己克服对失败的恐惧。

李亦非似乎有无穷的精力，从她的脸上，找不到任何因压力、劳碌而留下的憔悴，只有自信的笑容。与她一起共过事的人都说：“在她的手下工作压力非常大，因为她对工作要求精益求精。”李亦非自己也说：“我从来不偷懒。你可以说我做得还不够完美，但你不能说我没有尽力。如果你在小事情上苟且，那么你在大事上和你的一生中，一定是一个苟且的人。”

李亦非乐观进取的风格让人感到她确实渴望真诚地与你交流，而不是礼节性地敷衍了事。她每天打出去的电话比她接听的电话要多得多，这种主动沟通的欲望、能力与自信给她创造了一个又一个的机会。

李亦非能取得如此巨大的成就，从她灿烂的笑脸上，我们应该悟出许多。

幸福感言

心态对女人至关重要，一个女人能乐观地面对生活，微笑着面对各种挑战和困难挫折，那她已成功了一半。

第六章

女人是温柔的使者，“女人味”是无往不利的武器

柔情似水，风情万种，温柔是女人生命本体的一种自然散发。它既是女人内在美的展示，又是女人无往不利的武器。温柔可人的女人，最能征服男人的心，赢得男人的青睐。

1. 女人的柔弱胜刚强

> “阳刚”亦可柔，“阴柔”亦可刚。刚可压柔，柔可克刚。女人只要正确把握自己的特色，就能够勇敢地和男人竞争，并在男人的世界里游刃有余。

什么是女人的“柔弱”？那就是她与生俱来的生理心理上的脆弱感。这种脆弱感是激进的女权主义者和男人最鄙夷之处，它又常常只是一种隐蔽的力量。女人必须唤醒它的威力，善加利用，用自己的敏感去觉察环境的危险，用自己的细腻去精心计划防御竞争者的战争，再用自己的坚强去赢取最大的利益，包括盛名、财富和爱情。

古代阿拉伯有一个叫列依的小国。人们都把列依王国的王后尊称为“斯苔”。她是个十分善良、温柔而又贤惠的女人，当国王法赫尔·杜列驾崩以后，其子继位，号为玛智德·杜列。由于玛智德年纪尚幼，只好由母后代政，这样过了十几年。后来玛智德虽然长大成人，却是逆行不肖，不理朝政，整日只知同后妃们淫逸荒嬉，仍由他的母后执掌大权，周旋于伊斯法罕、卡赫斯坦等大国之间。

在这种情况下，强大的苏丹玛赫穆德，派了一位使者到列依，向斯苔恐吓道：“你必须呼我王万岁，在钱币上印铸我王的肖

像，对我国称臣纳贡。否则，我国将率军攻占你的国家，将列依纳入我们的版图。”使者还递交了一封重要的信件——战争的最后通牒。

列依王国的百姓得到这个消息，群情激奋，与敌人誓死血战的气氛笼罩着这个弱小的国家，但列依王后却宣布与敌人讲和。一时间众大臣和百姓对王后的行为都百思不得其解，甚至有人诽谤她是“靠出卖身体换回权力的荡妇”，大家都怀疑她与强大的苏丹有暧昧关系。但是这个明智而坚强的王后宁愿做“坏女人”，亲自赴苏丹的鸿门宴，为自己的祖国争取和平的机会。苏丹确实早就倾慕王后的美貌与风仪，而且宴会的地点还选在了国王的寝宫，不准王后带一个随从。这也难怪臣民不理解王后的行为，当然苏丹的目的不言而喻，如果能得到列依王后，便也心满意足。

可事实的真相到底怎么样呢？

王后被猜测成对苏丹献媚取宠的谈话，其实内容简单而深刻。

在华丽的苏丹床榻边，盛装高贵的王后用温和、不卑不亢的语气对苏丹说：“尊敬的玛赫穆德苏丹，假如我的丈夫法赫尔还活着的话，您可以产生进犯列依的念头，现在他谢世归天，由我代行执政，我心中思忖：玛赫穆德陛下十分英明睿智，决不会用倾国之力去征讨一个寡妇主持的小国。但是假如您要来的话，至尊的真主在上，我决不会临阵逃脱，而将挺胸迎战。结果必是一胜一败，绝无调和的余地。假若我把您战胜，我将向世界宣告：我打败了曾制服过成百个国王的苏丹。而若您取得了胜利，却算得了什么呢？人们会说：‘不过击败了一个女人而已。’不会有人对您大加赞美。因为击败一个女人，实在不足挂齿。”

强横的苏丹听到这话很震撼，看到她那恬静无畏的表情，苏丹彻底放下了手中的屠刀。斯苔执政期间，玛赫穆德苏丹一直没有对列依王国兴师动武。

斯苔王后的高明之处就是很好地考虑了自己的性别角色，向强大的敌人展示了自己柔弱的一面，这等于向对手宣告：“好男不和女斗，如果你还算一个有点儿胸襟的男人，就应该放弃对一个弱女子的攻击。”这样反而令对手恐惧，也就不好意思再争斗下去了。女人的柔弱就是具有这样强大的力量，它可以击退千军万马而不动用一兵一卒。

女人一定不要小看自己柔弱的一面，这种气质往往是你立身处世的最锋利的武器，这是只属于女人的隐蔽的强大力量。

幸福感言

柔弱是女性所独有的特点，也是女性的宝贵财富。如果一个女人希望自己更妩媚、更完善、更有魅力，那就应当保持和挖掘自己身上所具有的柔弱的禀赋。

2. 温柔是女人征服世界的通行证

> 温柔是一种力量，让仇恨、冤屈、愤怒等不良情绪都融化掉；在温柔面前，所有的利益、争吵、斤斤计较都将消失殆尽；温柔就像一场悄无声息的春雨，让紧张的气氛、无奈的生活与干枯的心灵都得到滋润。

温柔，对于一个女人来说，是一种诱人之美，是一种崇高的力量。上帝用了最和谐的美学原则来创造人类，它赋予了男性阳刚之美，又赋予女性阴柔之美，正是由于两性之间各有其独特的个性而形成鲜明对比，才使男女对立统一地组成了人类绝妙完美的世界。

温柔的女人具备一种特殊的魅力，她们更容易博得男性的钟情和喜爱。这样的女人像绵绵春雨，润物细无声，给人一种温馨的感觉，令人心荡神驰、回味无穷。且这种魅力不会因年龄的增加而消失，它具有持久的生命力。

温柔的女人就是上天派来的爱的天使。俗话说："水做的女人，泥做的男人。"有了如水般的温情，再坚硬的顽石也会消融。女人用温柔征服男人，征服世界。

女性的似水柔情，对男性来说，是一种迷人的美，也是一种无法抗拒的力量。一位诗人说："女性向男性进攻，'温柔'常常是最有效的常规武器。"

人们长久以来就发现了一个最优秀和最有生命力的女性特

质——温柔，“它”真的是女性唯一能挽起袖子来和男人比腕力的东西。

女人的温柔有深刻而广博的内涵：善解人意，宽容忍让，谦和恭敬，温文尔雅。不仅有纤细、温顺、含蓄等方面的表现，也有缠绵、纯情、热烈等方面的流露。有的女人无限温存，像博大的温柔之海，让人在里面徘徊沉醉；有的女人像一道淙淙的流泉，通体内外都是充满着柔情……总之，女人的柔情千姿百态，都像绚烂的鲜花芳香宜人，沁人心脾。

温柔，是一个女人性格修养的外在表现。女人要在自己的日常生活中，注意提高自己的涵养，培养女性的柔情。为此，女人特别要忌怒、忌狂，讲究语言美，把那些影响柔情发挥的不良性情彻底抛弃，让温柔的鲜花为女人的魅力而怒放。但，女人的温柔，不是软弱，不是一味地退让。丧失了自己独立的人格和独立的个性，也绝非女人之美德，而是一种耻辱。女人之温柔，是柔中有刚、柔韧有度，所以才柔媚可人。

温柔是女人独有的魅力，温柔的女人是男女之间战争的终结者，是两极世界阴阳平衡的半边天。温柔使女人无坚不摧，是女人征服世界的通行证。

幸福感言

温柔是女人特有的武器，也是最能打动人的地方。女人温柔的时候也就是最可爱最美丽的时候，那种温柔就像一只温暖的小手划过你的心房，让你感到一种放松、一种归属、一种美。因此，没有人能够抵挡得住女人的温柔。

3. 女人的柔情是一道风景线

善解人意、风情万种的女人是生活中不可缺少的一道亮丽的风景线。女人的温柔是一种魅力的舒展表现，是一种美丽的成熟韵味。

一个女人，在四季的变迁、时光的轮回中，美丽的容貌会失去光泽，而温柔将永存。这种女性的温柔古往今来给人间带来多少深情挚爱、温馨和谐，让男人永生难忘。

一个女人穿起素雅的旗袍，不施粉黛，清秀飘逸，端庄地站在那儿，不随便乱动和说话，也不太张扬和炫耀，而是含蓄地微笑着……这是何等温柔可人的风情啊！

温柔如风，可拂去心头的烦忧与愁苦；温柔似雨，可滋润心田的焦躁与浮尘；温柔像虹，能映照浪子回头重新扬帆的锦绣前程；温柔就是利剑，多少英雄豪杰在这利剑前低下了高傲的头颅。

女人的温柔风情有多种表达方式，只要找出自己的优点来，舒展女人内心的风景便是了。可以去勤奋工作，在赚钱的同时体现自己的价值，在这个付出与收获的过程中自然可以找到自己的优点。也可以认真读书，因为读书使女人越来越有气质，最终还是能体现自己的优点。

有一些女人，无论在什么地方，在何种情况下，都是笑容满面，笑脸迎人。她们也许并不是长得很漂亮但却显得很美、很迷人，这是因为她们的“心情”很漂亮。她们找到自己的内心风景了，并把它完全而充分地表露了出来。

善于在纷繁琐事忙忙碌碌中温柔，善于在轻松自由欢乐幸福中温柔，善于在柳暗花明时温柔，善于在关切和疼爱中温柔，善于在负担和创造中温柔，更善于填补温柔、置换温柔，这是作为一个女人不可忽视的艺术。

人总是以善为本，如果善良是平静的湖泊，温柔就是从这湖上吹来的清风。

如果，你的柔情还不足以吸引别人，别气馁，别放弃，再接再厉，努力挖掘自己的优点，精心汇聚成柔情，用你的能力服人，用你的真情感人。当你和心爱的人走向婚姻的神圣殿堂时，那必定也是你生命中“风情万种”的时刻。

想做出色的女人吗？那就赶快舒展女性柔情的内心风景吧！

幸福感言

女人的柔情在男人的心中是一道永远亮丽的风景。这道风景里充满优雅淡静的诗意，充满温情含蓄的微笑，充满善解人意的抚慰。没有人不会喜欢这道风景，欣赏这道风景。

4. 以柔克刚是一种交际的艺术

温柔是一种艺术，不能毫无原则，毫无限度，否则会陷入麻烦和困境。所以，以柔克刚，刚柔并济是人际交往中很有必要的一种手段。

日常生活中，有这样一种现象：一女孩活泼开朗，热情大方，常与男士们打成一片，谈笑风生，游玩娱乐，又能宽以待人，乐于助人，受到大家的称赞。可没多久，突然几位男士都追求她，而且上班时不停地打电话，甚至送上一束束鲜花，回家路上又遭“围追堵截”，邻里、单位又流言四起。面对这些，天真善良的她迷惑了——我根本没有找对象的打算，也没向他们表示爱意呀！事情为什么会成这样呢？她应该怎样办呢？

这就要求女孩灵活处理，以柔克刚，刚柔并济，既要使他们知难而退，又不要得罪他们。要敢于面对现实，对那几位男士，不要躲避。从心理角度说，多数人有很强的逆反心理——越是得不到的东西，越觉得有味，越想得到。特别是男人，争胜心更强，追求一个女人时，大有锲而不舍、滴水穿石之志。对此，女

孩不妨找个机会，开诚布公地向他们表明自己拒绝的理由或苦衷，希望他们谅解，并希望不要因此而影响彼此的友情，她不想失去这些朋友。在这样的表白下，任何人都会认真考虑自己的行为，理解对方的苦衷，一般会尊重对方的选择。但在谈话及以后交往时，要注意以下几点：

(1) 态度坚定，似是而非的话不能说

如“让我再考虑考虑，我暂时不想谈……”这样会给对方留下一线希望。要知道，有些男士只要略有一丝希望，便不会死心，直到碰得头破血流方才放弃。对这几位男士要一视同仁，不可厚此薄彼，否则会引起种种纠纷；语言要真诚温和，尽可能面带微笑。这样用你“柔”的言行，表达你“刚”的决心，效果会更佳。

(2) 注意分寸，适可而止

朋友毕竟不是恋人，与朋友交往，言谈举止要有分寸。在正常的人际交往中，关心别人、互相帮助、温柔大方是女孩们美丽温柔的体现，但不要有过分亲昵的表示，如甜蜜的话语，多情的眼神，超乎寻常的热情等，以免给对方造成不必要的误会。另一方面，对男士们的亲昵举止要明确表态，及时制止，不要拖泥带水。这样有柔有刚，刚柔相济，防患于未然。

(3) 让同伴“插足”，不给男士机会

在工作学习中，最好与一两个女孩结为同伴，相互帮助，相互照应。不给那些男士们可乘的机会，有别人在场，他们决不敢轻举妄动。这样，以内蕴的“柔”的形式，表达“刚”的内涵。

总之，女性处世交友妙方多种多样，但刚柔相济之法是其中很重要的一种。只要你灵活运用，刚柔有度，这样，既不伤害你与男士之间的友情，又能使友谊长驻，更会使你魅力无穷。

幸福感言

柔要有限度，刚要有分寸，刚柔相济，保持适当的距离，既保护了自己，又不伤害别人，这才是真正高明的女人。

5. 女人味就是女人的五彩衣

具有“女人味”的女人最吸引人，她不一定漂亮，也不一定有钱，但她浑身散发出一种让人难以抗拒的魅力，她的一举一动，一言一行，尽现至善至美。

智慧的女人永远不会放弃自己作为一个女人的魅力，她们浑身总是散发着一缕缕令人陶醉的女人味。女人味就是造物主特意送给女人的精美礼物，它既能让韶华已逝的女人将自己的美丽延续下去，又能让雷厉风行、刚强坚忍的女性永远洋溢着柔情。聪明的女人永远都珍惜这份礼物，她们在与时间的斗争中懂得了，只有女人味才能使自己永久保持魅力。她们在工作中从不摆出一副冷冰冰的女强人的面孔，而是在柔情似水的外表下，跳动着一颗坚强的心。她们在赢得异性的佩服和尊敬的同时，也赢得了同性的赞同和拥护。

女人味是一种无形的力量，传达出女人的气息。它所代表的不仅仅是成熟、温柔、美丽和性感，更是一种风度、气质、韵味和修养。

许多人有一种误解，他们认为温柔，或拥有姣好的容貌，或会展露动人心弦的可人的媚态是有女人味。其实，女人味是女人的内在修养。千万别小看女人的内在修养，它是女人最强大的力量，它可以令男人振奋，也可以使男人沉沦；它可以造就英雄，也可以毁灭英雄。

有女人味的女人，犹如一季春光，犹如一片果香四溢、青翠欲滴的园林，男人走近她，一定会被她那娴静的、生机勃勃的一片浓绿所诱惑。于是男人便体会到了女人的温柔，女人的吐气如兰，男人会觉得与女人打交道是件令人轻松愉快的事。因此，男人会暂时忘却尘世的喧嚣、世事的纷争，人与人之间的尔虞我诈，眼前只剩下苍翠欲滴的绿，男人纷扰的心灵被这纯而又纯的绿涤荡得干干净净。男人会恍然大悟：有女人味的女人之所以有味，不仅仅因为她有漂亮的面孔和迷人的躯体，还在于她给男人创造一个神秘清幽的境界，一个舒心轻松的气氛，一副宽容可亲的面容和心态。

有女人味的女人是好女人，当男人需要的时候，她会将自己的柔情蜜意奉送给他，使他走出失败的阴影，重新顶天立地地站起来。所以人们常说：每一个成功男人的背后一定站着一个好女人。

会看花的人，总是透过叶子看花，透过叶子看花，花更艳丽多姿，更内涵丰富；真正爱花的人，总是善于咀嚼花朵中的芬芳，于是便产生了脍炙人口的情诗。古今中外，凡是优秀的情诗里都隐约飘荡着一个好女人的身影，这女人也许是诗人自己，也许是诗人的恋人，也许是现实的综合，也许是虚拟的想象……

她们都有一个共同点——女人味十足。没有女人味的女人激发不出诗人的灵感，诗人也不会为她们浪费笔墨。有女人味的女人，才懂得爱，才值得爱。

有女人味的女人是宽容的、善良的。女人的宽容令男人感激。宽容的女人，真心爱着一个人的时候，她懂得在爱他的优点的同时也爱他的缺点。她知道用女人特有的柔情，用女人可贵的宽容，帮他逐渐克服缺点，矫正不足；用女人善意而艺术的批评，感化他、督促他，使男人主动改正自己，完善自己，并且在改正的同时，心存感激。

在社会竞争日趋激烈，在个人能力和职位不再与性别有多大关联的今天，多少女人把自己包裹在职业装里，收藏起从前的软弱和娇柔，用干练和硬朗去与男人一争高低。女人们似乎已经忽略掉自己的性别身份，忘记了女人味。可以说，现在有相当多的

女人不满男人的世界，却错误地一心要做女强人。她们理解的“女强人”就是那种风风火火、慷慨激昂、争强好胜、雷厉风行的女人。男人在主导着这个世界，这已经是人类的不幸，如若有朝一日女人也主导了这个世界，那同样也是人类的不幸。男人就是男人，女人就是女人，男人与女人各有各的优缺点，各有各的特性，这才是真正的男人和女人，才是人类社会生存的法则，男女不分，则世界阴阳失衡，反倒非人类之福。

有女人味的女人是温柔的女人。男人为什么会喜欢温柔的女人？因为温柔的女人善解人意，漂亮能干，以自己的似水柔情增添生活的韵味，给人以美的感受。若一个女人每天很漂亮地来到办公室，坦然、风趣、得体、细心、赏心悦目，别人怎能不喜欢你？女人如果抛弃自己所具有的优势，老想学男人一样强硬，那最终只能做个失败的女人。

每个女人都有自己独特的魅力，如果你善待自己，热情地对待生活和他人，别人就容易看到你的魅力，你也就容易从别人那里获得更强的自信，你就会活得越发光彩，永远保持对生活的热情。这样，你就会对男人产生永久的吸引力，这就是平等，与男人平等是真正地活出了女人味。有了这种与男人平等地生存于世上的女人味，女人无论漂亮与否，就会自然而然地产生独特的气质和风度。女人的漂亮不会永驻，女人的气质和风度却长伴终生。保持自己的气质和风度，充满女人味，优雅地活下去，这才真正是理想中的女人的美满人生。

幸福感言

女人味是女人内在优美的气质，是上天赐予女人的五彩衣。一个充满女人味的女人，会对男人产生永久的吸引力，活出自己的精彩。

6. 展现“女人味”的七种技巧

每个女人都有自己独特的个性和别具一格的风采，也就是说具有自己独有的内涵，如果能将这种内涵很好地发挥出来，就能形成与众不同的魅力，这就是女人味。因此，每个女人都有不同的女人味。一个女人并不一定很漂亮，但如果能突出自己的长处，也会成为很有味道的女人。

想成为一个女人味十足的女人并不难，只要善于培养，你也会风情万种，魅力无穷。

(1) 高跟鞋让女人魅力无穷

高跟鞋能够让女人的下肢更显得修长，高跟鞋配上直筒裤会令女人的双腿亭亭玉立，在别人眼中增加许多难以言表的魅力。

女人对高跟鞋的爱恋，似乎是天生的，没有任何原因。高跟鞋是女人鞋橱中的必备品。根据场合、气质，高跟鞋可以分成两类：一类是工作时穿的稳重、干练的高跟鞋，另一类是 party 上漂亮、抢眼的晚装类高跟鞋。

(2) 巧妙裸露的艺术

女人着装如何露得很有分寸，恰到好处，是一门大学问。对颈部有自信的女人，穿V字领的衣服，再搭配以别致的项链，即能衬托美丽的颈线；对肩部有自信的女人，不妨穿着削肩、直筒形服饰；如果担心肩露太多，不妨缀缝一些花边或是搭配肩围；对胸部有自信的女人，可以多解开衬衫的一个纽扣，穿透明衬衫搭配同色系的花边胸罩；对双腿有自信的女人，宜穿迷你裙，若穿长裙的话，宜露出足踝。

(3) 让女人味更浓

香水对女人有天然的吸引力，几乎没有女人不用香水，香水让女人更吸引人。一般女人多把香水洒在手帕、衣服上，这不但使香味易于消失，而且会使衣服招致虫蛀。有些女性爱把香水涂在发根、耳背、颈项和腋下，这也不好。最好的方法，是把香水涂在肚脐和乳房周围，另用一小团棉花，蘸上香水放在胸罩中间，这样不但使香味保持长久，还可以使香味随着体温的热气，向四面八方溢散。

(4) 动作语言妙用无穷

那脉脉含情的目光，那嫣然一笑的神情，那仪态万方的举止，那楚楚动人的面容，有时胜过了千言万语。

动作语言是女人动态的性感，或者说是女人味生动的表达。无论是公认美女玛丽莲·梦露，还是性感女神莎朗·斯通，她们让世人难以忘怀的不但是她们的美貌，还有她们标志性的动作。想想玛丽莲·梦露的经典造型，或者莎朗·斯通面对警察的腿部技巧，无不说明动作语言的杀伤力。

(5) 纯真的美更动人

性感、活力四射的女人固然很吸引男人的眼球，而那些文静、长发柔柔的乖乖女也不乏魅力。而且对于那些见过世面，心中有归宿感的男人来说，这类女人散发的纯真的美似乎更吸引人，会让他们陶醉在这纯净、温馨里。

如果你使尽招数仍然不能达到想要的效果的时候，不妨试验一下返璞归真的学生装，要知道洗尽铅华素面朝天也有一种美，甚至更动人。

(6) “脆弱”造成女人味

为了满足男性天生喜爱“保护”女性的欲望，适当表现一下“脆弱”是必要的。这种“脆弱”既可表现为一副弱不禁风的模样，也可表现在精神方面，像怕打雷或者容易掉眼泪等。

(7) 打造自己独特的女人味

女人味应该是存在于智慧和从容自信中，具备这种特质的女人才能从内向外，透出一种让人信服的气质。人们常常以为女强人就是一副男人婆的样子，但事实上真正的女强人，是很会发挥自己的女性优点的，并且还能利用这种长处，上下沟通，处世圆滑，成为一个集体中的中坚力量。

无论你要用什么方式打造自己的女人味，记住一点最重要的，就是要打造属于自己的独一无二的女人味。

幸福感言

女人味是女人的内蕴，内蕴丰富的女人是一道如诗如歌的风景，让人流连忘返，长醉不醒。

7. 女人味是一种深深的内涵

女人味是女人终生的美丽，容颜可以老去，可女人味不会因时间的流逝而淡去，甚至会延续到生命的终结。若一个女人失去女人味，就像鲜花失去香味一样，再明艳也不会得到别人的青睐。

女人与时间的斗争，虽然最终注定会失败，但却因精神的美丽，虽败犹荣。作为女人，都希望青春永驻，美丽长存，但遗憾的是，所有的女人，无论她有多么强大最终也不免要老去。青春永远只是人生的美丽过客，来不及缱绻情长，便倏然离去。但幸运的是，还有精神，还有女人味。然而令人遗憾的是，现实生活中有许多女人，一到中年便人未老心已疲，放弃了对美的追求，任服装永远过时，任大腹便便，任嗓子沙哑，任举止粗俗，任精神荒芜……这种心灵上的皱纹比脸上的皱纹更让人痛心，好像随着青春的逝去，她的个性也随之泯灭了。她不再是个吸引人的女人，因为她完全失去了女人最宝贵的东西——女人味，这是非常可悲的。青春无法把握，失去了无须惭愧，但女人味却是一种精神，把它丢失了则完全应自己负责！

失去女人味的女人就像鲜花失去了香味一样可怜可悲，谁还会欣赏一朵失去芳香的鲜花呢？如果说青春少女是一首浪漫的诗

歌，节奏明快、旋律优美，恰似春光明媚；那么，中年女性则应该是一篇抒情散文，优美隽永，情愫悠悠，蕴涵深邃，给人美的享受，给人生活的启示。“宁可抱香枝上老，不随黄叶舞秋风。”珍惜这份上苍赐予女人的精美礼物吧！让女人味相伴一生，应该是每个女人毕生的追求！

失去女人味的女人容易心胸狭窄，她们会对陌生的漂亮女人横眉冷对，讽刺贬低，对熟悉的女人胡乱干涉，风言风语。遇到熟悉的女人穿戴整齐，略施脂粉，她们就会大惊小怪说什么用这么高档的化妆品不值得。甚至背着人她们还会不负责任地胡言乱语，仿佛略施脂粉的女人就一定是红杏出墙，有了外遇。

失去女人味的女人容易忽视人格的修养，也不注意衣着的种种细节，缺乏人际交往中必须具备的常识和礼貌，穿着很不得体地出现在公众场合。她们在不经意间的失误已远远地掩盖了她们在生活中的种种努力和辛劳。假如她们的儿女对这种不加修饰略有不满，她们还会勃然大怒，认定这是对母爱的背叛，是年轻人的虚荣心作怪。

失去女人味的女人假如能够清醒地认识到自己的不足，重视服装、交际和化妆，那么她们将会变得清新、稳重、善解人意，会真正显示成熟女人的风韵。

女人味是一种内涵，是一种精神，是女人所能拥有的真正财富。看看离婚两次的辛普森夫人造就的人类历史上唯一一场“不爱江山爱美人”的大浪漫，你就明白了这笔财富的巨大力量。

1931 年，英国王储爱德华在一次狩猎时结识了比他小两岁的美国女人辛普森夫人。这个女人结过两次婚，第二任丈夫是已经取得英国国籍的美国人。辛普森夫人聪明美丽，高雅迷人，强烈地吸引了当时还是单身汉的爱德华王储，两人很快坠入了爱河。爱德华决定与辛普森夫人结婚。正当他准备向父王正式提出这一要求时，父王却重病缠身，随即驾崩。按照英国王室的继承规则，他继位当上了爱德华八世国王。

国王要与一位离过婚的女人结婚，而且她原来的丈夫仍然在世，这是英国教会教规绝对不能允许的。以坎特伯雷大主教为首的反对势力当时占了上风，英国民众也是一边倒，不能容忍自己的国王娶辛普森夫人为妻。在江山和美人两者只能选一的情况下，爱德华八世选择了后者。1936年12月10日，他在退位书上签字，并通过电台向民众宣读了告别书，正式退位。几个月后，爱德华与辛普森夫人在法国结婚，爱德华的头衔被确定为“温莎公爵”，辛普森夫人成了公爵夫人。

像辛普森夫人这样有女人味的女人如稀世珍宝，任何男人都不能抗拒其诱惑力。这也告诉我们一个事实，女人心中只要能够保持女人味这种精神，那么她在任何年纪都可以活得精彩靓丽。

幸福感言

“宁可抱香枝上老，不随黄叶舞秋风。”珍惜这份上苍赐予女人的精美礼物吧。让女人味相伴一生，应该是每个女人毕生的追求。

8. 读书的女人有一种内在的芳香

浑身洋溢着书卷气的女人，总会显得与众不同。她们的气质和修养因读书而上升到一种令人陶醉的高度，即使她们不施粉黛，也显得优雅高贵，气度非凡。

女人对时装和化妆品有一种近乎于痴迷的喜好，这是天性使然。女人常在打扮上花费大量的金钱和时间，并毫无怨言。然而，岁月无情，漂亮的时装、昂贵的化妆品，终究不能挽留住她们的青春。她们慢慢地变老，失去往昔娇艳的容貌。于是，经常有女人叹息：何处可以寻觅永恒的美丽？

有这样一些女人，她们喜欢书。买书、读书、写书，书是她们经久耐用的时装和化妆品。普通的衣着，素面朝天，走在珠光宝气、浓妆艳抹的女人中间，反而格外引人注目。是气质，是修养，是浑身洋溢的书卷气，使她们显得不同凡响。

“腹有诗书气自华”，这句诗对她们是再合适不过了。

对于书，不同的女人会有不同的品位，不同的品位会有不同的选择，不同的选择得到不同的效果，因而演绎出一道道女人与书的独特风景线。有的女人，读书是为了获取知识，增长才干，她们偏好思想性强、有哲理、有深度的书。书提高了她们的人生境界，使她们生活得很充实。这样的女人本身就是一本书，一本耐人寻味的好书。有的女人，读书是为了愉悦身心，陶冶情操，她们喜欢读唐诗宋词，读古今中外优美的散文，在气定神闲中修身养性，铸就了淡泊平静的一生。这样的女人像一首诗，清新素净得可爱。还有的女人，读书只是一种娱乐和消遣，或者只是附庸风雅，她们热衷于缠绵悱恻的言情故事和影星、歌星、名人的花边新闻。她们比较实际，有点儿俗气，好在她们沾点书的边，知道了一些事理。

有人说，漂亮女人不读书。这话有些失之偏颇。实际上，确实有些漂亮女人不读书。因为漂亮，她们有资本，受外界的诱惑太多；因为漂亮，便不甘心自我埋没。漂亮的女人总能轻易得到她们想要的东西，她们总有忙不完的应酬和显露机会，她们根本顾不上读书。这是内因和外因影响的结果。毋庸置疑，喜欢读书的漂亮女人也不少。她们平时既不刻意梳妆打扮，也不耽于交际应酬，她们把大多数时间耗用在读书上，读书对于她们，是一种生命要素，是一种生存方式。与"金玉其外，败絮其中"的某些漂亮女人相比，她们是懂得保持生命内在美丽的智者。

读书的女人，心有明灯，守得住心灵这个宁静的港湾，始终视书籍为精神的伴侣。她们把自己的心放牧在书的草原，吸取营养，感受书的芳香。

读书的女人，心有梦想，即使平凡如叶，仍能创造叶的美丽和生活的乐园。把自己引向有花鸟树木、有蓝天白云、有繁星明月的地方，那永不褪色的梦想便是她们生活中的一首诗、一幅画、一段遐想、一片心境、一点安慰、一些希望。

读书的女人，心有琴弦，纵然是独自漫步，也并不寂寞与孤单。有自由的清风邀约一些花香或者白云为伴，有心而识灵魂，有梦而知远方的天空应该有一道绚丽的彩虹。

读书的女人，生活情趣高雅，很少去叹息忧郁或无望地孤独惆怅。因为她们懂得与其停在那忧郁的事里，不如把这忧郁的时间和精力用来读书。她们使自己从忧郁的境遇中解脱出来，不怨环境，也无须艳羡别人，在哲思中让心情一天比一天愉快年轻。

读书的女人，她们以兰质蕙心，仁爱宽厚，善解人意，将美丽写在心灵。读书，使她们更洒脱；读书，为她们增添风韵。她们即使不施脂粉也显得神采飞扬、优雅大气。

幸福感言

读书的女人，懂得生活的真谛，深知生命的价值，明了人生的哲理，以一种淡静平和的心态走过生命的历程，留下醉人的芳香。

9. 女人的声音有时比思想更重要

> 温柔、甜美、悦耳的声音，常会打动人心，给人留下深刻的印象。一个拥有好听声音的女人，常常更易获得认可，取得成功。

女人的可爱有三个方面：声音、形象和性情。声音对一个女人至关重要，因为人最常用的交流方式是说话。

有一对夫妇，当初他们一直没见过面，只是电话联系便最终结了婚，只因丈夫十分迷恋妻子的声音。后来男的事业成功了，有不少女孩追他，可他就是只爱那电话中的女人。他最喜欢做的事就是听妻子的电话，他们在电话中跟现实一样，不仅充满柔情蜜意，而且还会吃醋生气。他们都喜欢电话里的感觉，这感觉令他们无比自由和惬意。

生活中，女人的声音往往比思想更重要。一个声音好听的女人，很容易被周围的人接受，即使她思想简单，别人会说她单纯。相反，如果女人声音难听，尽管很有头脑，别人也难有好感。当然，声音难听的女人且没有头脑，别人就更不愿和她交往。

女人的声音可以训练，这跟女人的形体一样。现在满街都有训练形体的机构，就是没人去开一间训练女人声音的店。这应该是很有市场，因为形体再好，声音不好也会遗憾。有些女人外表十分漂亮，但一出声，男人就想跑。很多人认为声音是天生的，由不得自己，这其实是错误的。声音可以变美或变丑，关键是怎样把握和驾驭。女人声音像音阶，具有无限的组合能力。人能在不同环境变换不同语气，为什么不能在音频、音色和音量中寻找最佳效果呢？既然播音员不都是天生的好嗓子，那么所有女人就都能训练出自己最好的声音。

女人若不注意声音的培训，就会使凤凰变成乌鸦，失去声音的魅力，就犹如失去女人的特征。应该呼吁所有女人像训练形体一样去训练声音，声音能增强女人的自信，并能在关键时刻帮助女人改变自己的命运。

女人温顺的声音能征服和麻醉男人，越有阳刚之气的男人，越容易被温顺的女人声弄昏头。女人向男上司请假或争取出美差，用温顺的音调，事情准成，男上司很难对这种温柔的声音说不。有人说女人温顺的声音是酒，是看不见却在燃烧的火。温顺的声音表面很柔，但实质上却像火一样烫人。男人经常自吹是钢筋铁骨，但在温顺的声音面前，却很脆弱。

有些声音好听的女人却时常遭到男人的反感和抵制，细究其因，是因为这些女人的声音透露出过分的骄傲和优越感。声音是女人的武器，女人应特别注意声音伤人。男人本身迷恋女人的声音，但如果女人声音中总是显出过分的不可一世，男人的自尊就会受到伤害，心里就会有如鲠在喉的感觉。男人有时非常特别，若他反感某种声音，他就一点都不想听到它。看来，声音的教养比本人重要，女人一定要懂这个道理。

声音是体现女人味的最佳途径，男人喜欢女人就是喜欢女人味。每个男人都有令他难忘的兴奋事，在夜深人静时听所爱女人轻声柔气，男人会永远铭记。不少女人担心男人没有真情，取得男人的真情其实很简单，柔声便是方法之一。女人对男人一哭二闹三上吊都是下策。现在是个竞争的时代，男人本身就累、有压力，都想发泄自己，你再给他这些压力，他会受不了的，会坚决

地离开你。男人需要柔情，温顺的声音是柔情的化身，用它对付男人，就犹如磁铁对付铁钉，男人会紧紧贴住你，甚至将灵魂全部奉献给你。

有些女人的声音真可谓“迷死你”，但这些女人一般不会出来与男人约会。男人一定要理解她们的羞怯，因为她们的形象准会比声音差。懂感觉的男人乐意在电话中与她们约会，并不愿意见面，只在电话中保留一个美好的想象。

现在已很流行煲电话粥，如果谁有一个“迷死你”声音的女友，谁就最有福气。声音在电话中有无比奇特的效果，在声音的世界里，男女不仅实现了平等，而且女人还经常有比男人更多的主动权。这个世界的想象空间不比互联网差，男人可以在其中感受到女人的一切。与女人在电话中交谈是一件很有趣的事，有经验的人能从女人的声音中感觉出女人的性格、体态甚至肤色和发型。当然，大部分都可能猜错女人的相貌，这不重要，重要的是你要细细地去品味女人和解读女人的声音。

幸福感言

生活中，女人的声音往往比思想更重要。一个声音好听的女人，很容易被周围的人接受，即使她思想简单，别人也会说她单纯。相反，如果女人声音难听，尽管很有头脑，别人也难有好感。

10. 女人的羞涩也是一种美

“犹抱琵琶半遮面”，羞涩之情犹如披在女人身上的轻纱，增加了她们的迷离朦胧。女人脸上的红晕，就是青春羞涩的花朵，显示了女人的纯真。

关于女人的娇羞之美，徐志摩曾有精彩绝伦的描写：“最是那一低头的温柔，像一朵水莲花不胜凉风的娇羞。”

羞涩是人类最天然、最纯真的情感之一，它是一种感到难为情、不好意思的心理活动，它往往伴随着甜蜜的惊慌、异常的心跳，外在的表现就是神情不自然，脸上荡泛起红晕。女人脸上的红晕，就是青春羞涩的花朵。女人羞涩是一种美，是一种特有的魅力。

羞涩是一种感情信号，常常是一种动情的外部表现，是被陌生环境、场面所触发的紧张情绪和被异性拨动了心弦的反应。有诗曰：“姑娘，你那娇羞的脸使我动心，那两片绯红的云显示了你爱我的纯真。”可见，一张羞涩的脸，便是一首优美的诗。

羞涩是女人独具的特色，是特有的风韵和美色。诚然，男人也会有羞涩，然而更多的、更频繁的、更鲜艳迷人的羞涩，却总是浮现在女人的脸上。男人羞涩时脸上往往显得狼狈可笑，而女人的羞涩却被认为是天然合理的美。如果女人缺少了羞涩，该羞涩的时候表现得无所谓，就会被看成是厚颜无耻。由此看来，羞

涩应该说是属于女人的，或可索性说此乃女人之特色。一提“红颜”，谁都知道指的是女子而不是男子，这“红”字显然不是面部的青春红润，更重要的是与羞涩有直接关系。红色的羞涩象征着女性，但它往往稍纵即逝，所以，自古女子就学会了使用红色的胭脂，起到了羞涩常驻的效果，有助于保持和强调女性的特色。

历代文人骚客都注意到了女性的羞涩之美，故有出色的描写。曹雪芹在《红楼梦》中写宝、黛共读《西厢》时，宝玉自比作张君瑞，戏说：“我就是个多愁多病的身，你就是那倾城倾国的貌。”黛玉听了桃腮飞红，眉似颦而面带嗔，羞涩之情跃然纸上。

羞涩朦胧，魅力无限。康德说：“羞怯是大自然的某种秘密，用来抑制放纵的欲望；它顺其自然的召唤，但永远同善、德和谐一致。”伯拉克西特列斯的雕塑名作《克尼德的阿佛罗狄忒》和《梅底奇的阿佛罗狄忒》，都是反映女性羞涩美的。羞涩之情犹如披在女性身上的神秘轻纱，增加了她们的迷离朦胧。这是一种含蓄的美、美的含蓄，是一种蕴藉的柔情、柔情的蕴藉。“犹抱琵琶半遮面”、“插柳不让春知道”的神韵尤能刺激人的丰富想象力，甚至使人着魔入迷，如醉如痴。同时它闪耀着谦逊的光辉，是一种道德和审美的反射，“唤醒两性关系中的精神因素，从而减弱了纯粹的生理作用”，促进两性关系日臻高尚、完美。动人的表情，迷人的色彩，文雅的举止，朦胧的神韵，温柔的蕴藉，呵，女人的羞涩竟具有如此大的神奇魅力！

幸福感言

女人一张羞涩的脸，便是一首优美的诗，总能赢得人们的怜惜和好感。女人也因羞涩而更加女人味十足，魅力无穷。

11. 杨澜——十足女人味，永远女人香

真正成功的女人，是事业、爱情双丰收的女人。光事业有成的女人，不是一个完整的人生，她还应是一个女人味十足，有幸福家庭的女人。

杨澜是中国当代最成功的女性之一，她不但事业有成，而且爱情、家庭经营得更幸福，她是一个女人味很浓的女人。从她身上飘散出来的是十足女人香。

作为一个女人，杨澜并不特别漂亮，可她美丽。作为一个妻子，她并不十全十美，可她努力。作为一个母亲，她或许并非绝对称职，但她充满爱意。由于始终不忘女性本色，于是，她生活的风景线更加亮丽。

除了智慧以外，成就杨澜的原因还在于她做女人的乖巧。

她不像一些成功女性那么锋芒毕露，让人敬而远之，更与精明强干、女强人之类的字眼无缘。这位在大学时代即已成为男生眼里“最可爱的女生”的女性更懂得如何做人。她说：“说到女人的成功，我现在也怀疑那种认为妇女的成功是在社会工作中体现出来的说法。我采访过不少成功的人士，他们有许多人讲到，

在某一个特定的时期，比如战乱、贫苦，总是母亲在支撑着家。母亲是大家的精神支柱。所以我认为，女人要能让周围的人感到一种温暖、温情和力量，这种女人就是最成功的女人。”

女人的漂亮和美丽是有很大区别的，漂亮是有形的，它指的是感官上的满足，而美丽是无形的，是和内涵、修养、气质联系在一起的。漂亮的女人不一定美丽，美丽的女人也不一定漂亮。漂亮得有内涵才有可能是一种美丽。

杨澜是一个美丽的精品女人，因为她追求的是灵魂深处的东西，而不着眼于浅层次。

杨澜说：“我觉得一个人可以一辈子都保持一个比较单纯的心境，不是说年纪大了一定要很世故。我见过有些六七十岁的人还童心未泯，这样的人才可爱。但如果别人永远用‘纯真、可爱’来形容你，那就是一种悲哀了。女人应该在每个年龄阶段都有自己独特的地方，包括我现在。就我个人来说，也是为人妻，为人母了，社会角色也比较成熟，因此将来的10年也是我事业发展中一个很好的10年。”

要论“美丽”在事业中占有多大比重，杨澜说，从没有人说过她长得漂亮，她自认为长得非常一般，但她从未因为没有“花容月貌”而难过，反而觉得长相一般的女孩容易在其他方面努力。因为知道自己不管如何打扮都不可能光芒四射，那只好多读几本书，多做一些其他的事了。

其实，哪里是她不美丽呢？不过是她不看重罢了。至今，杨澜还是否认自己当初之所以能够力挫众多美女候选者而有幸进入《正大综艺》是和自己的长相有关，如果有关的话，那也是因为她不是美女才选了她。“那主要是导演没有找美女。如果找，肯定不会找我。”

现在很多女人都不满足别人说自己漂亮了，她们更喜欢别人说自己有味道。“女人味”这三个字正当红。十足女人香的杨澜

对此发表了自己的看法：“我想‘漂亮’一般光是指外貌，‘味道’则是指气质和性格。女性美的表现在于一种母性，不管她是不是做妈妈。女人很有‘女人味’，不是说她很媚，很妖，她应该很沉着，宽容，关爱。另外，我觉得女人的美丽更主要是在思想方面。我曾经问过许多大导演：‘你们整天生活在美女堆里，是不是老要动感情？’他们就说：‘没有，许多女人只有漂亮的脸蛋，根本没法触动我们。’所以，一个女人的思想很重要，如果跟不上时代，总以为涂脂抹粉就可以留住一个男人的心，我觉得那是一个妄想。只有在思想上不断挑战他，才会给男人一种新鲜感和刺激感，这非常重要。”

杨澜认为一个出色的女人首先应该是健康快乐的，一个不快乐的女人无法给周围的人带来快乐。一个出色的女人不会很焦躁，不会是周围环境的一个不稳定因素，她带给周围的人一个比较平和的心态。杨澜强调出色女人的快乐，首先是自己的快乐，如果一个女人不能使她自己快乐，那拿什么带给别人快乐，什么奉献、爱，都是不可能的。

出色的女人还应当是追求完美人生的女人，杨澜有她自己的观点，“事业对我很重要，但完整的人生对我更重要。所以我会选择在适当的时候结婚、生孩子。人生对我是全方位的，不是只有事业这一方面。”这不仅是经验之谈，请每一个女人牢记。

杨澜的照片曾做了一家杂志的封面，并被称之为“本世纪最美的亚洲美女”，对于这件事情，杨澜有其独到的见解：

“我就觉得漂亮这个事绝对是一个很相对的，很个人化的一种观点，这好像是命运在开玩笑一样，就是这么一种很普通的感觉。人的长相天生父母给的，还是要自己喜欢自己，但是有一个说法，我觉得挺喜欢的，它说，女人30岁以前的相貌是父母给的，30岁以后的相貌是自己给的。我觉得这句话要这么理解，就是说你所积累的你的个性，你的气质，你的所受的教育背景可能会在你的青春高峰过了以后，越来越显现出来。也有一个说法是，你如果要去看一个女人美不美，应该看她在50岁的时候是什么样子的。那个时候，是她一辈子修行的结果。那我希望我到50岁的时候是一个漂亮的老太太。”

有了气质的凝练，精神的升华，何必为年龄发愁呢？看来，做女人，杨澜已经达到炉火纯青的地步了。

活得完整，活得真实是杨澜的生活信条，如果说她骨子里的清高和修炼后的优雅，是她特有的风采，那么放松后的生动、俏皮和妩媚，是她的可爱。两者糅合出的女人，一定耐人寻味，一定会美得人间罕有。

幸福感言

坚持女性本色，十足女人味，
永远女人香，一个女人的魅力至此，
那真是把女人做到了极致。

第七章

懂爱的女人，能给家庭带来福运

岁月的风尘可以剥蚀一个女人的容颜，但无法磨平她心中刻骨铭心的爱，这种爱是一盏明亮的灯，能照亮男人前行的路。当一个女人真正用爱经营温馨的家时，天使便从天堂下来，坐在那个家里，唱起了欢乐之歌。

1. 女人的爱是男人前行的一盏灯

爱是女人心中的一盏明灯，它不但可以照亮一个男人回家的路，而且可以照亮男人的前程与命运。

他和她结婚时家徒四壁，一无所有，除了一处栖身之所外，连床都是借来的，更不用说其他的家具了。然而她却倾其所有买了一盏漂亮的灯挂在屋子正中。他问她为什么要花这么多钱去买一盏奢侈的灯，她笑着说：“明亮的灯可以照出明亮的前程。”他不以为然，笑她轻信一些无稽之谈。

渐渐地，生活好过了。他们搬到了新居，虽然那盏灯已用不上了，但她却舍不得扔掉，小心地用纸包好，珍藏起来。

不久，他辞职下海，在商场中搏杀一番后赚得千万财富。像所有有钱的男人一样，他也招聘了一位漂亮的女秘书，很快女秘书就成了他的情人。他开始以各种借口外出，后来干脆无须解释就夜不归宿了。她苦口婆心地劝他，千方百计地挽留他，但均无济于事。

这一天是他的生日，她告诉他无论如何也要回家过生日。他答应着，却想起漂亮情人的要求。犹豫之后他决定先去情人处过生日后再回家过一次。

情人的生日礼物是一件高档的衬衫。他随手放到旁边，这种东西他已经拥有太多。半夜时分他才想起妻子的叮嘱，忙急匆匆赶回家中。

远远看见笼罩在黑暗中的楼房有一处窗户明亮如白昼，他看出那正是自己的家，一种遥远而亲切的感觉在心中升起。当初她就是这样夜夜亮着灯等他归来的。

推开门，他看见她正泪流满面地坐在丰盛的餐桌旁，那么的孤单和落寞。见他归来，她站了起来，淡淡地说：“菜凉了，我去再热一下。”

他没有阻止她，因为他知道她的一片苦心。当一切准备就绪之后，她拿出一个纸盒送给他，说是生日礼物。他打开，是一盏精致的灯。她流着泪说：“那时候家里穷，我买一盏好灯是为了照亮你回家的路；现在我送你一盏灯是想告诉你，我希望你仍然是我心目中的明灯。可以一直照亮到我生命的结束。”

他心中充满了愧疚，感动的泪水涌出眼眶。一个女人选择送一盏灯给自己的丈夫，应该包含着多少寄托与企盼！而他，愧对这一盏灯的亮度。

他最终回到了她的身边，选择了妻子，放弃了情人。因为他已明白爱是一盏灯，不管它是否能照亮他的前程，但它一定能照亮一个男人回家的路。因为这灯光是一个女人从心底深处用一生的爱点燃的。

幸福感言

一个妻子不帮助或促使丈夫朝好的方向发展，就可能诱使丈夫朝坏的方向堕落。简而言之，一个好妻子完全可能成就一个伟男子；一个坏妻子也完全可能毁灭一个原本十分优秀出众的男人。

2. 懂爱的女人，是柔中带刚的天使

随着女性独立意识的增强，社会上出现越来越多的女强人。但一个真正懂爱的女人，她在做女强人的同时，绝不会放弃一些传统女人身上最珍贵的东西。

英国首相撒切尔夫人高雅大方，魅力非凡。世人大多只知道她是一位伟大的政治家，却不知她还是一位贤妻良母，她对家庭的付出并不比事业少。

撒切尔夫人是英国著名的牛津大学的高材生，而她的丈夫丹尼斯只受过中等教育，比她大 11 岁，而且离过婚，自身条件要比她差得远。可这些并未影响她对婚姻的选择，25 岁时与丹尼斯结为伉俪。

自 1952 年 12 月 13 日撒切尔夫人和丹尼斯结婚以来，几十年如一日，他们恩爱如初，从未发生过争执，彼此尊重对方、支持对方。撒切尔夫人在接受记者采访时说："他忙他的事，我忙我的事。他的事对他很重要，我的事对我也很重要，我们从不干涉对方的事业。"丹尼斯担任一家大公司董事长，他给自己的妻子很高的评价："在我看来，夫人品质高尚，始终如一。她美丽、乐观、善解人意，更有思想。”撒切尔夫人在谈到他们夫妇的关系时则说：“在婚姻和家庭中我们的地位是平等的，没有说哪个强或哪个弱。丹尼斯对我的帮助非常大，我经常请教于他，听取他的意见，他是一个见多识广、很有主见的人。”

撒切尔夫人对自己有明确的定位，在社会上她是一位出色的政治家，但在家里她是丹尼斯的妻子，孩子们的母亲。她在政治活动之外从来没有停止过履行一个家庭主妇的职责。生活中的她是一个充满柔情的贤妻良母，是一个女人味十足的妻子、母亲。

撒切尔夫人非常喜欢孩子，也善于教育孩子。她生有一对双胞胎儿女，但这并没有对她的事业造成影响。她 1963 年获得律师证书，1969 年成为国会议员，1970 年被任命为教育大臣，1975 年当选为保守党首脑。当有记者问她随地位高升对家庭生活有何影响时，她说：“影响家庭生活的并非地位问题，而是家中多了两个孩子。他们从牙牙学语到入学读书都要我悉心照顾。孩子们长大了有了他们自己的朋友、自己的生活，作为母亲的我，也因而结识了不少年轻的朋友。”

到 1988 年 1 月 3 日，这位伟大的女性在任首相时间已满 8 年零 8 个月，成为 20 世纪英国任期最长的首相。当天她在唐宁街 10 号官邸发表讲话说，英国政府将继续进行大规模的住房地方财政改革，控制通货膨胀，保证经济稳定增长。她的讲话赢得热烈的掌声，获得了全国民众的称赞。

撒切尔夫人虽政务缠身，但家务却料理得井井有条。她在世界上有“铁娘子”之称，工作时决定国家大事，可回到家中却为丈夫和两个孩子操持家务，烹调佳肴，关心两个孩子的学习，每天早晨为两个孩子做好早餐，才去上班。

法国《观点》杂志曾报道了撒切尔夫人 1987 年英国大选前一天的作息时间表，其中有这样的描述：

……

20点30分，紧张工作了一天的首相回到家中，因为没有雇用厨师和侍者，她要自己动手做晚饭。她从冰箱里拿出冻肉，打开一瓶豌豆胡萝卜罐头。不一会儿就做出两三个美味可口的菜肴，夫妇俩一起享用。首相的饭量非常小，因为她很注意自己的身材。在丈夫看电视时，她在另一个房间里放上一张自己喜欢的唱片，在长沙发上一靠便又工作起来。当闹钟敲响12下时，她才上床休息。这天夜里，她睡觉前看的书是《一些原材料对人类未来的影响》。

这就是撒切尔夫人，一个柔中带刚的女性典范。其实，也是每一个女人学习的榜样。

幸福感言

懂爱的女人，深知爱情和家庭对一个女人的重要，她们绝不会使自己成为这样的女人——在社会上让男人佩服，而在家中让男人惧怕。

3. 用爱去理解丈夫，可使丈夫获得成功

家，不是一个讲理的地方，只有爱。一个真正爱丈夫的女人，她是用爱去理解丈夫的，去分享丈夫的痛苦和欢乐。在她的眼中只有爱和理解，没有成功与失败。

日本作家福富太郎曾经说过：“男人小小的成就便足以令她为之高兴的情况，可使男人走上成功之路。”

男人并没有在别人面前所表现的那么坚强，他们有时是非常脆弱的。特别是在家里，就男人的心理而言，即使是微不足道的事，亦希望妻子与他分享。而当悲伤之时，即使妻子并未夸大地安慰他，只要一句温柔而体贴的话，便可让男人觉得有人关心自己而觉得幸福。

但是一般妻子并不了解男人的这种心理，比如，即使丈夫已比同期进入公司的同事提前晋升了，她们仍会泼冷水说：“还只不过是副经理嘛!”而当有人事变动，丈夫失去当经理的机会时，她们便会悲叹道：“你就是在关键时刻缺乏魄力。”或说：“唉!真倒霉，我就没有做经理夫人的命。”对丈夫进行冷嘲热讽。

可以想象，丈夫失去梦寐以求的晋升机会，心中已经够难受

了，此时妻子如果雪上加霜地说：“你就是在关键时刻缺乏魄力。”那么丈夫便会如同站立在悬崖边上，被你加了最后一把劲推下去一般。

而懂爱的妻子会对丈夫说：“没关系，现在升不了经理，以后还有更好的机会!”那么丈夫一定觉得非常安慰。等有一天终于升任经理时，她又会说：“太好了，要不要我们全家出去庆祝一下?”她这般兴致勃勃地与丈夫分享快乐，相信丈夫必能充满干劲地在事业上做进一步的冲刺。

日本轻金属公司的松永义正董事长，也有一则令人感动的故事——在松永义正担任总经理期间，发生世界性的能源危机，因电费高涨，公司遭受巨大损失，于是作为总经理的他毅然宣布自1976年开始，整整3年不领薪。

当晚回到家中，他仅向妻子说了“我决定未来3年不领薪”一句话，他妻子亦仅回答一句：“是这样啊!”既没有埋怨，也没有责备。这就是所谓夫妻间的理解与默契吧!

虽然要妻子了解丈夫的工作很困难，但若能做到这一点，终有产生共鸣的一天，到那时，丈夫会因而获得信心，而为自己带来好运。

在日本，凡是研究过江户文学的人，一定都知道尾崎久弥这个人，尾崎久弥自称“江户软派”，以搜集色情书刊及绘画而成名。

尾崎去世前，决定将所搜集之色情书画，捐赠给当地的图书馆，他的妻子曾要求所赠之书画能让读者公开、自由地阅读，图书馆居然同意了她的要求。

一般来说，家中若有搜集色情刊物之癖好者，大多不会得到家人的谅解和支持，等到他去世以后，家人更会将这些色情刊物视为肮脏不洁之物，迫不及待地将其处理掉。

据说尾崎妻子在尾崎生前，相当用心了解丈夫的工作，他们不但在藏书之保存方面合作无间，而且每当尾崎先生如获至宝般地找到佚品时，她也会兴奋地与先生共同欣赏。她曾公开而充满信心地说：“色情书画的研究，在文化上极具价值。”也因为如此，她才能大胆地向市政府要求，让这些色情书画开放，使人自由展读。

能够保存搜集之物，并予以公开，以色情刊物而言，简直是独一无二。这乃是尾崎夫人理解丈夫的工作，并给予支持才办到的。

女人能了解男人的梦想到何种程度，是为男人带来好运的重要因素，虽说女人重视现实较好，但是若根本否定男人的梦想，那么男人便无法发挥其潜在能力了。如果一个女人若能与男人的梦想发生共鸣，便亦能与男人分享喜悦、分担痛苦，使自己得到男人的宠爱，同时使男人获得自信。

另外，妻子对丈夫的理解还体现在她是否能成为丈夫的好听众。不过，自我主张强，不愿好好听对方说话的女性实在不少。

有的女人，见丈夫一下班，便将其心中满箩筐的话，如河堤溃决般连番滚来——小孩如何、邻居如何、工作如何等等，试想，丈夫整日辛勤工作，下了班回到家已劳累不堪，哪里还有心气谈这些事。况且，说不定丈夫白天在公司碰到不顺心的事，想稍事休息后，再向妻子诉诉苦呢!

理解是爱的至高境界。丈夫失败时给予安慰和鼓励，成功时给予肯定与赞美，这样的女人一定会帮助丈夫获得成功。

幸福感言

懂爱的妻子理解丈夫，当丈夫回家时，总能笑脸相迎，待丈夫开口时，亦能做个好听众。唯有如此用爱理解丈夫的妻子，才是对丈夫人生及事业有帮助的贤内助。

4. 把美丽献给心爱的家

一个装潢得富丽堂皇的家，若没有女主人用爱细细地浸润，就不会成为一个舒心的家；即使一个简陋的家，因为女人的日日梳理，也可以变得称心如意，温馨浪漫。

家是心灵的栖息地，家是避风的港湾，家是婚姻历程的见证者。只有在包含了物质与精神的两种因素时才称得上是一个真正的家，只有这样的家才让我们感到温暖与舒适，才让我们牵肠挂肚。家其实是一个和我们生命切实相关的地方，家不仅代表空间，而且代表时间，是世代相传的故事以及现实生活的全部。家里的阳光和空气也早已化为自己的体温，混合了自己的气息，即使远走天涯，仍然留在体内，激起永久的渴望和怀念。

各式各样的家有不同的脸谱，有的家装修得富丽堂皇，有的家装修得清丽明快，有的家则装修得简简单单。但最重要的一点是，如果这个家没有女人，那会是什么样子呢？也许是名贵的兰花干了，优雅的身姿变成了一堆枯萎的垃圾；也许是精致的红木傢俱上积了厚厚的灰尘；也许……而只要有女人，那个“花脸”的家便变得清秀了，漂亮了。即使是一个简陋普通的家，因为时光的打磨，因为有女人的日日梳理，也可以变得更称心如意。

(1) 漂亮闺房

家中有一个活泼可爱的女儿，这是每个家庭最大的开心事。如花似玉的容颜，和一个会唱歌的欢快的心，都是女儿家的魅力。而家中最大的亮点是有一间女儿的闺房。这个房中绝对充满浪漫的气息。有的闺房中故意刷上粉红色；有的则设了一个个人的精品橱窗；对于每个脑子里充满梦想的人，家居布置中的灯光是非常有特色的；而一幅会飘动的窗帘，更是女儿梦的无限延伸。闺房中常会有淡淡的香水的味道，它清纯，但绝不浓烈。最有特色的是一只只布娃娃，它占据了闺房的明显的位置。另外就是许多的卡通图片或是千纸鹤，窗口挂着一串紫色的风铃，那是女孩子家编就的七彩世界。

(2) 温馨卧室

一盏灯如何才能幻出万般柔情？一面墙怎样才能让人感受其力量？温馨的卧室不一定会有如水的音乐，但多半会有罗曼蒂克的味道。许是一盏心形的台灯，许是一张精致甜美的双人合影，许是鸳鸯戏水的地毯，许是一句镶在镜框中的誓言。温馨是卧室的主题，而制造这迷人氛围的自然是心灵手巧的女主人！

(3) 洁净厨卫

一个葱花香四溢的厨房，一个洁净干爽芬芳的卫生间，是女人造就了这些平凡的美景。刀叉锃亮，灶台会映出人影来。当然，还有迷人的玻璃或陶瓷的碗盆，卫生间里沐浴露的芬芳，洁白的瓷砖，一切正如窗外作响的风铃声，欢快、轻松、舒展。

这些都是来自一双勤快的女人之手，是女人奉献给家的杰作。虽然有的人可以请钟点工、保姆，但她擦去的仅仅是灰尘，烧就的仅仅是饭菜。而一位爱家的女主人，她知道在哪里挂一幅画可以满堂生辉，知道怎样调节家的气氛，知道应在何时何地拨亮情绪的蜡烛，拨亮家人的心，让这种情绪欢乐地燃烧。

锅碗瓢盆的交响曲中，总指挥是女人；而在居家的布置和打扮中，那个主角也是女人；在朗朗的读书声中，督促孩子学习的更是女人。于是这间屋子便因有女人而变得充满生气。

是的，一个好女人，她往往让房子有张洁净而舒爽的脸，使家有让人舒展和愉悦的气息。

幸福感言

女人是家的灵魂，家因有女人的存在而温馨浪漫。而一个好女人，也总是能精心筑就自己的爱巢，把美丽献给心爱的家。

5. 女人的爱是一捧沙

每个人都希望自己永远拥有幸福美满的爱情，那么不妨学着用一捧沙的情怀来对待爱情，好好珍惜，好好把握，爱情必定会圆圆满满。

一个即将出嫁的女孩，问母亲一个问题：“妈妈，婚后我该怎样把握爱情呢?”

母亲听了女儿的问话，温情地笑了笑，然后从地上捧起一捧沙。

女孩发现那捧沙在母亲的手里，圆圆满满，没有一点流失，没有一点撒落。

接着母亲用力将双手握紧，沙子立刻从母亲的指缝间泻落下来。待母亲再把手张开时，原来那捧沙子已所剩无几，其团团圆圆的形状也早已被压得扁扁的，毫无美感可言。

女孩望着母亲手中的沙子，若有所思地点点头。那位母亲是要告诉她的女儿：爱情无需刻意去把握，越是想抓牢爱情，反而越容易失去自我，失去原则，失去彼此之间应该保持的宽容和谅解，爱情也会因此而变成毫无美感的形式。

有一对家境很普通的夫妇，妻子有一位非常富裕的朋友。一天，那位朋友邀请她和她的丈夫参加一个晚宴，她很高兴地接受了邀请。

当她为赴宴做准备时，才发觉自己连一件体面的衣服也没有。她当然不想错过这个接近上流社会的机会，于是马上驾车到一家名牌服装专卖店，买了件非常漂亮的晚礼服。这件衣服，用了相

当于丈夫几个月薪水的钱。

晚宴当夜，她与丈夫驾着一辆“老爷车”，来到她朋友的豪宅外面。这时，她觉得自己的小汽车很丢脸，于是叫丈夫把车子停放到很远的地方，然后再走路进去赴宴。

她丈夫没说什么，把车子开到了一个阴暗处，然后对她说：“亲爱的，我想还是你独自去吧，我在车里等你好了。你今晚穿得这么漂亮动人，而我只有这身旧西装。我怕会惹起别人的笑话。祝你玩得开心点!”

妻子看着丈夫，觉得他确实穿得很寒酸，只好下车，提起裙子往前走。可是，走了没几步，她忽然转过来，匆匆跑回车子，对丈夫说：“我也不想去了。”

丈夫很疑惑，没等他开口问，妻子就平静地说：“实在对不起！我一心想接近上流社会，却忘了自己拥有一位这样体贴自己的丈夫，忘了自己拥有一个幸福的家。你一直对这些很平淡，对我也很宽容，而你的平淡和宽容恰恰提醒了我。请你原谅我吧！我不参加这个宴会，我们一起到外面兜兜风，然后就回家。”

这位丈夫的眼里涌出了泪花，被妻子的话深深感动了。夫妻两人心中都充满了幸福感，从此以后，生活也更加甜蜜、温馨了。

幸福感言

我们所生活的这个世界正在变得越来越繁华。可是，在繁华外界的刺激和引诱下，有些女人的心灵正在变得越来越空虚，越来越浅薄，甚至迷失了自己，失落了心灵。

之所以会这样，就是有些女人没有领悟到一个道理：爱情、温暖才是人生的真谛。

6. 善于奉献的女人，最能得到丈夫的爱

能够真心奉献出宽容、爱心、智慧的女人，是男人的宝，弥足珍贵，是家庭的福音，理应珍惜。她们因付出而得到更多的爱。

日本演艺界有一位知名人物林家三平，他的夫人香叶子十分贤惠。也许正是因为夫人太过贤惠的缘故，三平喜欢寻花问柳的习惯始终难以改掉。每一次风流韵事被发现，三平总会向香叶子发誓说：“我下次再也不敢了。”然而，没过多久，下一次的外遇又悄悄地开始了。

当又一次东窗事发后，夫妻照例又是大吵一架，香叶子终于下定决心，她坚决地说：“这一次我真的忍无可忍，我决定离开这个家。”此时，三平的母亲居然也附和着说：“如果香叶子走了，我也不会留下，我绝不让她一个人离开。”

事实上，媳妇怎么可能带着婆婆离家出走呢！但夫人和母亲坚决的态度，让三平不得不真正地做出让步，认真地反省自己的行为。最终香叶子也放弃了离家的念头。三平受此教训之后，也终于改掉了他的好色习性，对自己的夫人反而更加尊重和疼爱。

在这一件事中，香叶子能得到婆婆如此爱护，也着实十分了

不起。

香叶子之所以受到婆婆的疼爱，乃是因为她平日不管在人前人后，都能以如同对待自己亲生母亲般的心情，对待丈夫及其亲人。她对丈夫及其家人，甚至比对自己家人奉献更多。

能够珍惜丈夫、亲人、朋友的妻子，都应该说是最能得到丈夫的爱。她们既能勤奋地工作，又能体贴公婆、照顾小姑小叔，其丈夫最感得意之事，便是有人对他说："你娶了一个好妻子。"

相反，妻子与丈夫家人朋友相处不和睦、婆媳关系紧张，只会让丈夫夹在中间很难做人。甚至会使丈夫过去辛苦建立起的人际关系，有可能毁于一旦。

这种情形以婚后访客减少最为明显，如果男人婚后，往日的朋友及熟人不再常常登门拜访，并非男人于婚后性格起了变化，而是妻子很难与他人相处。因此，朋友皆将前往他家视为畏途。

这种妻子对丈夫的朋友及同事，不但不表示任何敬意，反而认为丈夫交的都是酒肉朋友，是狐朋狗友，经常说一些不该说的话，给别人脸色看。

更有甚者，当丈夫的朋友逐渐疏远他们时，她居然得意洋洋说，是她替丈夫赶走了坏朋友。岂不知丈夫因她的干涉，人际关系已受到很大损害，给其事业及工作造成很大不便。

由此可见，与珍惜男人周围一切的女人在一起，是男人之福。

一个妻子只要真心爱丈夫，便会珍惜丈夫周围的人，例如丈夫的亲人、上司、朋友及同事等，这样的男人，真可说是天下最幸福的。

日本明治时代，在静风县函南一地，有一位叫仁科启介的贫农，侍母至孝。村中的首富地主得悉村中有此一孝子，感动、佩服之余，欲收仁科启介为养子，仁科启介却断然拒绝了，他说："同样要做别人的养子，我应该到村庄里最穷的阿姨家才对。"

启介的阿姨是启介母亲的妹妹，阿姨有一个女儿，名叫秋山安子，她长得很难看，是方圆有名的丑女，但是启介说：“安子虽然不漂亮，心眼却好，我即使没有钱，也希望与心地善良的人在一起。”而终于入赘秋山家，并改名秋山启介。

安子与启介结婚以后十分恩爱，他们齐心协力，辛勤劳作，日子一天天地好了起来。有一天，启介发现，妻子每天晚饭后便不知去向，启介非常好奇，便一路跟踪安子。他发现安子居然是到启介母亲的住处，从收拾厨房到照顾家畜包揽了所有家务活，最后，甚至为他的母亲按摩后才回家。

启介感动得流下眼泪。从此以后，两人更加恩爱，劳作也更加努力，而最终成为很富有的人家。

人常说，最理想的妻子应是最无私地为家庭、丈夫付出的女人。我想，三平夫人与安子入选为最理想的妻子，应当之无愧!

幸福感言

懂得奉献，善于付出的女人，是男人梦寐以求的好妻子，任何男人都会把爱毫无保留地回馈给这样的妻子。

7.聪明的女人是男人的好谋士

一个好妻子的伟大之处就在于自己做参谋，出点子，而让丈夫出头露面，去享受成功的荣耀。

人常说，一个成功的男人背后，必有为其做出奉献和牺牲的女人；一个男人的一次杰作，必有聪明女人的汗水淌在里面。这话说得非常好。但是，有一些人却狭隘地将女人的奉献、牺牲仅仅归于她对男人的支持，他们认为，这些女人为了让男人放开手脚干事业，自己无怨无悔地承担起繁重的家务，是标准的“贤妻良母”等等。这种观点尽管在一定程度上承认了女人的功劳，但一个好妻子的真正功劳远不止于此，在许多时候她还是丈夫必不可少的好谋士。

男人结婚以后，一心扑在工作和事业上，于是，家务的重担就落在妻子的肩头，这是标准的中国家庭模式。丈夫下班回家，妻子笑脸相迎，丈夫免不了向妻子聊聊自己一天的经历。有什么不愉快，有什么困难总会向妻子说。既是妻子，当然要想丈夫之所想，急丈夫之所急。妻子一想，一急，点子就出来了。妻子的点子是善意的，而且对丈夫也是很有启发性的。所谓“当局者迷，旁观者清”，妻子既是“旁观者”，自然“清”，自然能想出好的解决办法，她岂有对丈夫不说之理？怪不得有些男子汉“篡改”俗语，将“不听老人言，吃亏在眼前”改为“不听老婆言，吃亏在眼前”。看来，妻子成为丈夫的好谋士，这是已经被不少的男人证实过了的。由此可见，一个好妻子的伟大之处就在于自己做参谋、出点子，让丈夫出头露面，去享受成功的荣耀。在荣耀的喜悦里，丈夫当然也知道，成功有自己的一半，也有妻子的一半。

一位在事业上取得成就并有专利获奖的总工程师在颁奖大会上满含深情地说：

“这个奖不属于我一个人，所以，我在领奖时心里总怀有愧疚。因为，我的这项课题攻关中，有很多数据是带回家计算的。说准确点，是我一位老同学——我的妻子帮我计算的。如果没有她帮我这么大的忙，我的这项课题不知什么时候才能真正完成。很多人认为女人不如男人，女人缺乏智慧，女人办不了大事，女人头发长、见识短。可是，今天，我要借此机会，用我妻子的例证向大家说，女人是男人的好谋士。男人没有女人做谋士，他最终也可能成功，但他的成功机会就会大大地降低。我感谢我的妻子，我要将所得的个人荣誉，带回家和我的妻子分享。同时，也呼吁在座的各位先生，你们也有妻子，你们都能干大事，都有成功的机会，因为你们的妻子也都是你们的好谋士。当你们遇到困难，工作不顺时，找你们的妻子去，她们会给你们指点迷津的……”

这位总工程师的讲话，赢得了热烈的掌声，不少女人流下了激动的泪水。因为，她们“默默无闻”的价值，终于在这简短的讲话和热烈的掌声中得到了应有的承认。

是啊，我们每一个人都应该尊重、爱护这个好谋士，多向她讨教，多向她学习。

当你受到上司的批评，或因与同事的关系搞僵而闷闷不乐时；当你被卷进领导层的权力斗争而成为牺牲品时；当你走尽了直路又走弯路时；当你进退维谷举棋不定时；当你被一个纯情的女孩紧追不舍时；当你因被人算计而吃了亏时；当你因工作阻力而一筹莫展时……你的好妻子就在你的身后。她自有她聪明的谋略，帮你解决困苦，给你出主意，让你抖擞精神，继续奋进。生活告诉人们，一个家庭中，如果没有男人背后的女人以真情和贤惠在支撑着，任何男人的“单打独斗”都不可能取得骄人的成就，都不可能获得完美的幸福。

幸福感言

一个成功的男人背后一定有一位伟大的女性。在家庭中，如果没有妻子的大力支持，丈夫想取得巨大的成功那是痴心妄想。

8. 好女人能给家带来和睦

婆媳关系是家庭中最微妙、最难处的一种关系。一个好女人总能处理好这种关系，维持家庭的和睦。因为她明白一个道理：其实老人也需要甜言蜜语，也需要糖衣炮弹。

俗话说："婆媳亲，全家和。"一个女人要想得到幸福，要想使家庭和睦，就必须重点处理好和婆婆的关系。

婆媳关系可以说是中国家庭内部人际关系中最微妙、最难处的一种关系，也是一个传统难题，处理不当，家中难有宁日。在漫长的封建社会中，婆媳关系一直处于一种不平等的状态，媳妇必须俯首听命于婆婆，没有独立、平等的人格尊严。同时，"多年的媳妇熬成婆"，从而形成了一种妇女压迫妇女的恶性循环。随着社会的发展，人们观念的转变，这种妇女压迫妇女的不良传统已被人们所抛弃。现代家庭中媳妇有独立的社会、政治、经济地位，婆媳关系已基本成了一种平等的人际关系；但也应看到，即使在今天，融洽相处的家庭并不多。

但一个智慧的媳妇，总能想方设法妥善处理好婆媳关系。她了解老人的心理，知道该怎样做既能讨婆婆的欢心，又不委屈自己。

林女士结婚5年了，却从没和婆婆闹过矛盾。婆婆能干又勤

快，而林女士却不喜欢做家务；婆婆比较敏感，而林女士却比较粗心，她们对孩子的教育也存在一些不同的意见，但是她们却能够一直相处得非常融洽。其中的原因还是让林女士自己说说——

我知道，在婆婆面前，我是媳妇，不是女儿。所以我非常注重婆婆的感受，表现自己的关心。

如果我非常累，回我妈妈那里我可以躺着休息。但是到我婆婆家，我再累也不能那样。看到婆婆炒菜我一定会站在旁边，问问她有什么可以帮忙的，就算真的不能帮上什么忙，也还是要去那里看看。

如果我给我妈妈买礼物，就一定也要给婆婆买。那次送我妈妈电热毯，老公说我婆婆并不怕冷，不用了。但我还是给婆婆买了，后来她确实一直都没有用过，但我知道那不是怕不怕冷的问题。

我妈妈和婆婆的生日相差不到十天。那次我妈妈生日，老公买了个大蛋糕送我妈妈。后来婆婆生日，我们买了很多熟食，其实都已经吃不完了，而且那时我们的经济状况也不是很好，所以老公就买了半只鸡，婆婆就生气了。我赶紧说给她买的衣服因为码数不对，拿去换还没有换回来，婆婆听了才有所缓和。婆婆很胖，要找到适合她穿的衣服还真不容易，第二天我几乎跑遍了全城，才买到合适的衣服，真正把婆婆哄开心了。

我觉得要和婆婆相处得好，还要懂得宽容，要能理解婆婆。

生孩子的时候我难产，产房又不让人进，他们也不太知道里面的情况是怎么样的。他们一大帮人在外面等了一天，到了晚上七八点，老公本来不想走的，婆婆说："都等了那么久了，今天肯定不会生了。"于是大家就都吃饭去了。当时一个副院长给我看了之后，决定立刻给我做剖宫产。可因为婆婆这一句话，我做手术时没有一个亲人在身边。其实我并不怨我婆婆，反倒是我婆婆一说起这事就很内疚。

我知道媳妇终归不是女儿，就像婆婆终归不是我妈妈一样。如果我妈妈生病了，我去问候她，可能还会觉得心疼，但如果是婆婆，我认为那是一定要尽的一种义务，将心比心，我就不会去怨我婆婆。

婆婆退休前是护士，对孩子的照顾是无微不至的，但也有点娇惯我儿子。我知道直接说或单独沟通肯定会惹她不高兴，所以我通常都是在好像不经意的场合把话说出来，或者当着婆婆的面，教育我儿子，其实就是说给婆婆听的，让她知道我的想法是什么。

我们许多人都有一个误解，觉得都是一家人了，客气有些见外，从来都不对自己的亲人表示谢谢。

问题是，并不是每个人都能够去发现、了解你的内心究竟是怎么样，和老人处得不好，很多时候就是表现得不够，其实老人也需要甜言蜜语，也需要糖衣炮弹。

这真是经验之谈，任何一个想处理好婆媳关系，想家庭幸福美满的女人，都会从林女士的谈话中得到启示，学到经验。

幸福感官

“家和万事兴。”一个深爱自己丈夫的女人，总能艺术地处理好婆媳关系，使丈夫免受夹板气，不左右为难。从而带来家庭的和睦，带来自己的幸福。

9. 好女人善于塑造好男人

好女人总是以欣赏的态度赞美男人、扶助男人、修剪男人、完善男人，其实，这也是在不断地完善自己，积聚幸福。

好女人是人间的珍品，她们用自己的灵性和智慧不断参悟人生，修剪完善着自己，也修剪完善着男人。好女人宽容善良，对待男人，她们多赞美少苛责，不求现在的他如何成功，只求他在努力中创造着。好男人都是好女人精心塑造的优秀作品。

好女人不会对男人指手画脚、颐指气使，因为温柔是她化解一切的武器。温柔女人是家中的琼浆蜜汁，男人饮了它会展露温和与笑容，即使粗暴简单的男人也会被慢慢改变。

男人是女人手中的风筝，有些女人往往怕风筝飞走不再飞回，就用线将其死死牵住，妄图将他牢牢地拴在自己的身边。当男人失去了动感与飘摇的活力时，女人活得也并不快活。

好女人却放心地将手中的线越放越长，风筝越飞越高，越飞越远，她也越有成就感。“风筝”因此而感激好女人给予的“放纵”与牵挂，在努力飞高的同时，会自觉地加固牵引的线。

男人在社会上要获得认可，得到尊重，实现自身的价值，起码也要有立身之本，有自己的事业追求，能创造大量的财富。可是，光这样还不行，妻子不满意，说你只顾外面，不顾家，冷落了自己。男人啊“难”人，既要阳刚又要温柔，既要在社会上拼命竞争又要有足够的时间陪伴妻子。一个人的精力毕竟有限，男人没有分身术。做男人太不容易了。因此，一个好女人应该体贴男人，理解男人。

若妻子是一个温柔贤惠、善解人意的好女人，那是男人的幸运，他也很自然地会成为一个好男人。但是，这种幸运的男人并不多。谈恋爱的时候，什么都好，一切表现得无可挑剔，男人以为是选了位贤惠温柔的好姑娘。没想到，婚后的女人表现出自己不好的一面，竟变得使人难于接受。

倘若妻子是个自私的女人，她只会为了自己的快乐向男人索取金钱，索取一切，而且欲壑难填。那么，男人就是累死累活，在这样的女人眼里也很难成为好男人。

倘若妻子是个醋劲十足的女人，男人就是再循规蹈矩，谨小慎微，怕也是难逃时常被怀疑、被审问、被折磨的厄运，经常被醋浇得像个落汤鸡。

倘若妻子是个粗俗而缺乏教养的女人，见识短，狭隘无知，动不动就骂人，满嘴脏话，还整天像个老太婆似的跟你絮叨个没完，为鸡毛蒜皮的小事与你纠缠不休，甚至哭闹不断，让你永无宁日。就是再有涵养、再有耐心的男人，也会被折腾得心烦气躁，忍无可忍。

倘若妻子是个泼妇，男人稍微有错，或者她稍有不顺心，就做河东狮子吼。面对这样的女人，就是再“温柔”的男人，也不会总是逆来顺受，一定也会奋起反抗的，甚至离开她。

任何事物都不可能是孤立的，都有一定的因果关系。有些男人不够好，这肯定和有些女人有关系。相反，有些男人很优秀，肯定背后有一个优秀的好女人。

幸福感言

优秀的女人是一泓温柔的春水，能洗去男人身上的“污垢”，焕发男人的自信，让其满身清爽地搏击成功。

10. 好妻子的三把“温柔刀”

一个好妻子不是对丈夫百依百顺，不是只会挣钱的女强人，而是能给丈夫自信，使丈夫在成功的路上走得更稳当的女人。

怎样才能做个好妻子呢？不同的女人有不同的回答。有的女人说丈夫在外忙了一天，回到家里应尽量少让他插手家务活，给他可口的饭菜，这样的妻子是好妻子；有的女人说能让丈夫感到温柔体贴的才算得上是好妻子；有的女人说能与丈夫共同开创事业、不断升迁的妻子才算好妻子……

这些回答都不错，但都不全面。其实，做个好妻子并不难。如果你能做好以下几点，你就会得到意想不到的收获与成功，在丈夫面前，你会永远具有新鲜感，你就像雾中的山峰，时隐时现，具有无穷的魅力。

(1) 善解人意

有些丈夫很想把工作、生活中的一些困扰、成就等讲给自己的妻子听，但不少妻子却不愿意或是不知道怎样去听。时间一长，丈夫就会感到压抑，对妻子失望，和妻子的交流沟通越来越少，最后变成冷漠，这个家也会因此变成一潭死水，显得死气沉沉。

一位先生讲述了他的经历：

我很爱我的妻子，若在工作中遇到一些痛苦或快乐的事，就想向她倾诉一番，让她也分享我的快乐和痛苦。可是我妻子的举动使我伤心透了。

有一次，我的一份企业策划书为公司增加了不少利润，老板赞扬了我，并给了1000元的奖金。回到家里我兴奋地说："亲爱的，我今天真是太高兴了……"妻子听了以后只是随意地"哦"了一声，随后便漫不经心地说："亲爱的，准备吃饭吧。哦，我告诉过你水龙头漏水，你有没有打电话给修理工？他们何时来修理？"

还有几次我被公司的一些难处理的事弄得焦头烂额，回家想听听妻子的建议，可她总是令人很扫兴。我实在忍受不了她对我的不理解，我感到回到家里是件痛苦的事。后来我们分手了，我现在生活得非常舒心。别看我现在的妻子对我从事的工作一点都不懂，可她却给了我不少有益的忠告和鼓励。

所以，善解人意的妻子不仅能够给自己的丈夫最大的宽心和安慰，而且自己也会拥有无比的幸福与成功。

(2) 使丈夫变成他理想中的自我

也许有的人对这个问题很不以为然。其实这非常重要，一位名人曾说过："每个男人事实上都是两个人，一个现实中的自己，另一个理想中的自己。"那么，你嫁给一个男士，可以说是嫁给了两个男人。问题非常简单，如果现实中的他既缺乏信心，又羞怯，那么理想中的他肯定渴望成为一名勇敢自信的男人。作为妻子，你就应当想方设法帮助你的丈夫成为他理想中的那个人。

那么怎样帮助自己的丈夫呢？其中一个非常重要的方法就是赞美。当丈夫受到妻子的赞美，当他们听到“你真厉害，我为你感到自豪，我庆幸我找到你这位好丈夫”时，几乎没有一个丈夫不心花怒放。也会因此激发更大的信心，为家庭、为妻子、为子女做出更大的努力。

妻子真诚的赞美和激励，是使丈夫发挥最大潜能的有效方法之一。在他成功的时候，在他失意的时候，在他迷惘的时候，作为妻子都不应该放弃使用这种方法。

（3）永远相信丈夫

坚定地相信一个人，会给这个人强烈的自信，假如你是个已婚男人，来自妻子的信心将会使你获得意外的巨大成功。

19世纪末，密歇根底特律电器公司中的一名年轻的雇员亨利·福特，每天利用工余的时间设计一种新的引擎。当时，所有的人，包括他的父亲在内，都认为他是异想天开，绝不会创造出什么新奇有用的东西来。唯独他的妻子相信他，相信她的丈夫能够成功，并且竭尽全力去帮助他。每天晚上妻子手提着煤油灯给他照明，在寒冷的冬天，她冻得牙齿直打战，手冻得青紫，可她从来没有退缩放弃。经过三年的努力之后，福特的设计成功了，他把引擎装在马车上，第一次取代了马。于是一个新工业诞生了。后来福特回忆说：“如果没有夫人这位忠实的信徒，我是不会成功的。如果人们将我称为新工业之父，那么我的夫人就是新工业之母!”

相信丈夫，就是妻子对丈夫最大的激励。她们以一种特殊的视觉与敏感，看到了丈夫身上潜在的别人看不到的特质。她们用眼睛去看，也用内心的爱去看。因此，她们对丈夫有绝对的信

心，也就能给丈夫最大的支持。

一个男人，当他的事业刚刚起步的时候，当他处于逆境的时候，朝夕相处的妻子最能帮助他树立起信心。因为，他在想：如果连自己的妻子都不相信自己，那我还有什么希望？作为妻子，要时刻记住这句话：千万不要用“你无论如何也不会成功”这句话去打击丈夫，这样只能使你的这句话最终真的变成现实。

幸福感言

你希望自己的丈夫是一个什么样的人，那你就用什么样的心态及言行去对待他。用好这三把“温柔刀”，你一定是一个好妻子，一个成功的妻子。

11. 不要总拿丈夫的缺点和前夫的优点比

拿自己的丈夫和前夫比，说丈夫不如前夫，这最伤男人的自尊。一个聪明的再婚女人，决不会做这种傻事，把自己的幸福葬送在这毫无意义的比较中。

林丽实在不能忍受丈夫的花心，虽然他们曾经爱得死去活来，爱得轰轰烈烈，虽然丈夫非常有钱，家财万贯，虽然丈夫长得一表人才，英俊潇洒，但她还是选择了离婚。

林丽发誓要找一个深爱自己，又忠厚老实的丈夫。她最终如愿以偿。现任丈夫是一个工程师，非常爱她，对她简直是捧在手里怕摔着，含在嘴里怕化了。林丽很满足，也很幸福。她为自己选择了离婚而感到庆幸。可林丽有一个小毛病，就是丈夫若有什么小错误，她总是顺口就说："要是×××（前夫名字）呀，绝不会犯这种错误。"刚开始，丈夫虽心里不舒服，但也就忍了。可时间一长，这种话听的次数一多，就忍不住和她吵起来。林丽心里一闹别扭，就越发觉得丈夫没有前夫有钱，没有前夫长得英俊。于是，她就忍不住地挑丈夫的错，和丈夫吵得更厉害。最终她的丈夫离开了她，剩下林丽一个人孤零零地生活在无尽的痛苦中。

许多再婚的女人，虽然心里面怨恨自己的前夫，但过去两人曾经有过的幸福时光总不会彻底忘记。在“失去了才知珍贵”的心理作用下，时常想起他曾经对她的好。这种女人由于没有及时调整好再婚的心理状态，在新家庭中不时流露出对前夫的怀念之情，而且总爱拿自己的丈夫和前夫比较，借此来发泄对自己生活现状的不满，希望自己的丈夫能因此有所改变。事实上，这样做的结果是，常常会激起丈夫的强烈反感，甚至会挑起一场家庭战争，毁灭家庭。

许多男人在坚强的外表下却有一颗敏感、脆弱的心。虽然男人都想体现自己的价值，但由于主观和客观条件的限制，并不是每一个男人都可以实现自己的目标。男人在这方面承受的心理压力要远远大于女人，因此，男人最不能接受的就是被别人视为无能之辈。特别是自己的妻子，这种否定和贬低，更易打击男人的自信，使男人受到伤害，甚至对妻子产生怨恨心理。

所以，女人应对男人的追求给以一种大度的理解和支持，由此去努力建立一种稳定平衡的生活。这种理解和支持，会给男人一种自信，使他为家庭的幸福而更加努力。同时，男人也会对女人产生感激之情，会更爱自己的妻子。

再婚的女人要想家庭幸福和睦，夫妻恩爱，就不要总拿丈夫和前夫比较，以免刺伤丈夫的自尊。即使要比，也要学会拿丈夫的优点和前夫的缺点比：丈夫虽然没有前夫那样在外面风光，但他却不像前夫那样对妻子骄横跋扈；虽然他不像前夫那样腰缠万贯，却对自己温存体贴、忠贞不贰。

现实生活不可能十全十美，况且，婚姻如穿鞋，合不合脚只有自己心里明白，幸福也并不能和物质财富画等号。俗话说“三十年河东，三十年河西”，对你的丈夫多赞扬鼓励、少挖苦讽刺，说不定哪一天，他就会有所作为。即使一生平庸，没有大的作为，只要与你踏踏实实地过日子，夫妻恩爱，又何尝不是一种幸福？毕竟，婚姻的目的是为了寻找一生的伴侣，并非为成就一项伟大的事业。

幸福感言

婚姻如同穿鞋，合不合脚只有自己心里明白。总拿丈夫的缺点比前夫的优点的女人最愚蠢，这种比的心态，是再婚家庭最大的破坏因素，对一个渴望幸福的女人没有任何好处。

12. 把婚姻推向危险境地的八种行为

婚姻需要经营，一个聪明的女人，总能时时反省自己的行为，及时和丈夫沟通，少犯不该犯的错误，用智慧和理解经营好自己的婚姻。

也许你不是有意的，但你的某些做法正逐渐地冷却丈夫的心，把婚姻推向危险的边缘，可是你却浑然不知。你若想有一个幸福美满的家庭，做一个好妻子，就应注意下面 8 种行为。

(1) 对丈夫百依百顺

如果一个女人婚后总顺着丈夫，而把结婚以前的有个性的自己抛开，那么我要告诉你：不行。事实上，对于他的任何要求或者指责，假如老是百依百顺，时间一长就会让他认为是在和头脑简单的女人生活，把你看成是无知的人，接着他会看不起你，甚至拂袖而去。在现代社会中，在男人们的心目中，最具吸引力的就是自信、走起路来脚下生风的女人。谁都不会喜欢那种毫无个性，像一个录音机那样对男人的所作所为没有见解的女人。

(2) 娇生惯养，在家什么都不干

家务需要共同负担，爱巢需要共同建造。如果你是家里的娇小姐，你觉得男人是一棵永不倾斜的大树，不需你替它浇水松土。结果娇生惯养的你在生活中什么都不想做，只想让他像一个保姆一样伺候你，把婚后分内的事情全都推给他做。那么，你得赶快反省反省，改变自己。一定要记住，没有人想在娶老婆的时候娶一位需要随时照顾的娇小姐。

(3) 在家中也做女强人

有些成功的女性，在社会上是女强人，也许由于习惯性的作用，经常把这种强硬的作风带回家中，给丈夫造成很大的压抑，甚至对能力与收入都不如自己的丈夫，进行讽刺与挖苦，在家庭中处理什么事情都不尊重丈夫的意见。

这种女人，除非你真想离开他，否则你的这种做法，只会加速你们婚姻的死亡。

(4) 不给男人性爱

如果你是一个动不动就拿不和丈夫做爱当成惩罚他的手段的女人，那你就太愚蠢了。觉得在别的方面占不了男人的上风，就以此来要挟，这样做的后果或许造成他对做爱的心理障碍。你的这种拒绝，不但会使他感到尴尬，还使他感到尊严扫地，结果，你甭指望今后他会对你感兴趣，严重的话甚至会和你分手。

(5) 怀疑一切

你老是疑心，对于他的晚回家你老是盘问个不停；他出差总要打听他跟谁一起去；不但把他的工作查个底儿朝天，甚至他和女同事多说几句话也立刻醋意横生，不给他一点自由，恨不得把他拴在身边。

经常打电话到他的办公室查询他的行动，每天查一查他的手机是你的必修课，害得你那可怜的丈夫成天紧张兮兮。这种妻子太可怕了！婚姻不出现危机才奇怪呢。这表明你的自信心不足，应该尽快去看一看心理医生。

(6) 不尊重丈夫的家人和朋友

一个女人，对丈夫的家人、朋友的态度十分冷淡，动不动就拆丈夫的台，让他在众人面前颜面尽失，那并非聪明妻子的做法。有的女人常常因为丈夫的家人而挑起各种争端；到了周末的时候回家探亲，常常由于丈夫为家里人购买礼物而耿耿于怀，或者是由于一点小事就当着他家人的面冲他大声呼喝。这种做法正在加速夫妻关系的恶化。

(7) 盲目攀比，对丈夫过分苛求

有的女人老是抱怨上天的不公，成天把丈夫和别人相比，觉得别人比他强，盲目打击丈夫的自尊。事实上，任何一个男人都需要先认同自己，才可以发挥潜能。作为他的妻子，你应该是一个经常支持他、鼓励他的人，这事实上是维护婚姻的关键。不然的话，他会由于你的判断而低估自己，就算他再有能力，也很难有作为。多数男人的外表很坚强，事实上内心需要女人的了解和肯定。拿出正确的眼光来对待他是你正确的做法。

(8) 孩子成了你的唯一

一般女人有了孩子以后，总会把对丈夫的爱分一部分给孩子，这很正常。但有些女人，觉得孩子是生活的全部，把心思全都放在孩子的身上，忽略了对丈夫的情感，变婚姻内容为简单的“育子”，而不是“生活”。这样做的结果，迟早有一天，你会看到除了孩子，你一无所获。

幸福感言

婚姻是一门艺术，聪明的女人是一个高明的艺术家，深谙婚姻的内涵，掌握婚姻的窍门，能把婚姻描绘得五彩缤纷。

13. 刘永好的贤内助——成功妻子的第一步：帮丈夫确立好目标

> 一位妻子所能协助丈夫的，便是帮助他找出对生命的渴求，然后与他精心合作，实现这些理想。

刘永好的妻子李巍回忆说：

“刚开始，我的家人和朋友并不看好我与刘永好的结合。在他们看来，刘永好出生在小县城，只是德阳一所工业中专的毕业生，还有一些历史问题，和我根本不相配。但那时，爱已使我不再有丝毫犹豫。

相爱半年后，我们把各自的东西搬在一起就结婚了。家里最奢侈的东西就是我当姑娘时，攒了几个月工资买的那块英纳格女表。结婚那天，我们请不起客，就称了六七斤水果糖，挨家挨户发了。

那年我跟着刘永好回他的四川新津老家过年。他的三个哥哥和嫂嫂、侄子们都回来了，公公刘大镛由于长期心情压抑，病得不轻，那时刘家兄弟每人每月给老人5元钱，但最终父亲还是去世了。当时我和永好的工资加在一起只有79元，日子过得也不宽绰。

吃完年饭，兄弟几个坐在一起聊天，偶然议论起来，现在的鹌鹑蛋真卖得起价钱，那么小，居然比鸡蛋还贵，而且供不应求，许多人因此走上致富之路。

我们也养鹌鹑！不知谁说了一句，立即引起四兄弟的热烈响应。

说干就干。我们不仅在新津老家养，在我们的阳台上，也搭了饲养棚养了300多只鹌鹑。每天课间休息时，他都要赶回家去，给鹌鹑清理粪便。

当时街坊邻居都议论纷纷：一个教师、一个医生，夫妇俩日子过得还可以，咋像个农民似的，为了一点蝇头小利在单元楼上养鹌鹑，真是有辱斯文。

鹌鹑蛋越下越多了，销路成了问题。永好就跟着三哥刘永行跑市场，沿街叫卖。不巧碰上他教的一些学生，当时还不像现在这样，一个教师沿街叫卖鹌鹑蛋，在学生眼里绝对是尴尬和耻辱的事情。永好窘迫地把头埋得低低的，晚上回到家里情绪非常低落。

于是我鼓励他说：永好，抬起头来！甭管别人怎么看、怎么想，经商并不下贱。在西方社会，衡量一个男人成功的标准，还要看你能挣多少钱呢……

永好抬起了头，目光里充满感激和感动。其实男人有时也很脆弱。

那时他需要的就是一点理解和信任，我的支持对他来说格外重要。

不久，永好干脆辞去教师工作，在成都青石桥开了一个鹌鹑蛋批发门市部。他每天清晨5点钟就起床，骑着摩托车去门市部守着销售，到了晚上才能回来，一天两头黑。他们兄弟的鹌鹑蛋生意越做越大，青石桥门市也搬到城里最大一家集贸市场——东风市场，他们兄弟的目光已投向广袤的巴山蜀水间。从1982年春

节的1000元起家，到了1988年，仅过了6年时间，他们四兄弟就已赚了1000万元。”

刘永好四兄弟从此走上了中国亿万富翁之路。

当初刘永好初下海时，面临着很多问题，一个大学教师辞了公职，去卖鹌鹑蛋，人们都说他疯了。如果他的爱人没有豁达的心态，一味地埋怨他；如果没有他爱人的支持和鼓励，使他能够坦然面对挫折和逆境，那他可能就顶不住当时的压力，他可能就会走回头路，返回学校去当老师，而中国就少了一个亿万富翁。

幸福感言

成功的男人背后，必定有一位伟大的妻子。一位好的女人，可以是男人冲锋陷阵的战友，可以是男人远方前行的一颗星星，可以是男人的诤友，也可以是男人宁静休航的港湾。

第八章

深谙人情世故，方能机智做人

学会做人，是女人生活的艺术，也是求得安宁、获取成功的途径。一个深谙人情世故、懂得做人艺术的女人，才不会为世俗所累，才能少走弯路，少碰壁，潇洒从容地走过一生。

1. 拨弄是非的女人常常碰壁

“祸从口出”。想做一个受人尊敬和欢迎的女人，就必须管住自己的嘴巴。因一些闲言碎语而给自己带来麻烦最不值得。

爱议论是非是女人的一种天性。只要女人聚在一起，总喜欢议论别人的是是非非，张家长李家短，总说个没完没了。在女人中间，几乎可以说是“无人背后不说人”、“无人不被他人说”。

但这种议论是非实在不是什么好习惯，于人于己有百害而无一利。如果一个女人总喜欢拨弄是非，传播一些易对他人造成伤害的流言飞语，就易招致别人的敌意和厌恶，甚至惹祸上身。

刘晓丽和贾静雅是很要好的同事。贾静雅人长得漂亮，对人又热情又大方，很受人们欢迎。若刘晓丽和贾静雅一起参加聚会或和同事聊天，刘晓丽总感觉到自己受到冷落。她心里非常不平衡，便在外面到处散布贾静雅生活作风不好，与某某整天聊得火热，肯定有不正当的男女关系等等。还给贾静雅的丈夫写匿名信，反映这些她捕风捉影编出来的“艳事”，这给贾静雅的事业发展和家庭生活都带来了极坏的影响。后来贾静雅得知，这些是是非非原来都是由平时和自己关系“不错”的刘晓丽一手搞的，气愤至极，一纸诉状把刘晓丽告上法庭。结果，刘晓丽不仅赔偿了贾静雅的精神损失费，还被调离了原单位。

像刘晓丽这样已属于明显的恶意诽谤了，理应受到应有的处罚。在生活中，还有很多本无恶意，只是出于好奇的心理或说是传话习惯，传播道听途说的闲言闲语的女人，也同样会给他人和自己带来不应有的麻烦。

黄丽和王芳原本是一对好朋友。黄丽出于对王芳的信任，把从别处听来的关于某位上司的一段传言告诉了她。王芳理应保密，但她却管不住自己的嘴巴，又把这段传言告诉了另一位同事。就这样传来传去，传到了上司的耳朵里。当上司追究此事时，黄丽才知道了事态的严重性，她对王芳又气又失望，毫不犹豫地断绝了与王芳的友谊。

虽然人们常潇洒地说："走自己的路，让别人去说吧。"表示自己对流言飞语的不屑一顾，但出于人自我保护的本能，还是会对因流言带给自己的种种困扰深恶痛绝。因此喜欢传播流言蜚语的人最讨人厌，只要人们知道某个女人有这种坏毛病，便会从内心排斥和疏远她，她办事情常常碰壁也就不足为奇了。

一个女人想受人尊重和受人欢迎，就必须管好自己的舌头。人们常说"祸从口出"，古人也有"言多必失，失多必败"的警句，就是说的这个道理。但这并不是说要你装聋作哑，而是要你不要拨弄是非，不要散布谣言和传播流言，以免招灾惹祸，给自己带来不必要的麻烦。

幸福感言

也许你不是有意的，但你不负责任的闲言碎语已对别人造成伤害，无形中你就成为一个不受欢迎的女人。因为，没有任何一个人会喜欢一个长舌妇。

2. 太自私的女人不会幸福

自私的女人不愿付出，以自我为中心，考虑事情以自身的利益为出发点。她自以为最聪明，殊不知，幸福和快乐在自私的过程中永远地丢失了。

从前，有两位很虔诚、很要好的女教徒，决定一起到遥远的圣山朝圣。两人背上行囊，风尘仆仆地上路，发誓不达圣山朝拜，绝不返回。

两位女教徒走啊走，走了两个多星期之后，遇见一位白发苍苍的圣者。圣者看到这两位如此虔诚的教徒千里迢迢去朝圣，十分感动地告诉她们："从这里距离圣山还有十天的路程，但是很遗憾，我不能和你们一同去圣山，在分手之前，我要送给你们每人一件礼物！不过你们当中一个要先许愿，她的愿望会马上实现；而第二个人则可以得到那愿望的两倍。"

其中一个女教徒心里想："太好了，我已经想好我要许什么愿了，但我不能先讲，那样的话太吃亏了，应该让她先讲。"而另一个女教徒也有这样的想法："我怎么可以先讲，让她获得两倍的礼物。"于是，两个女教徒就开始假装客气地推让起来。"你先讲！""你比我年长，你先许愿吧！""不，应该你先许愿！"两人彼此推来让去。最后两人都不耐烦起来，气氛一下子变得紧

张起来。“你干吗呀？”“你先讲啊!”“为什么你不先讲而让我先讲？我才不先讲呢!”

到最后，其中一个气呼呼地大声嚷道：“喂，你真不识相、不知好歹，你再不许愿的话，我对你不客气了！”

另外一个见她的好朋友居然和自己翻脸，而且还恐吓自己，于是想，你无情来我无义，我没法子得到的东西，你也休想得到。于是，她干脆把心一横，狠狠地说道：“好，我先许愿！我希望……我的一只眼睛瞎掉!”

很快地，这位女教徒的一只眼睛瞎掉了，而与此同时，她的朋友双眼也立即瞎掉了！本是一件皆大欢喜的事，因为两人的自私而成了悲剧。

在日常生活中，经常有一些自私的女人，对待工作从不想多干一点，只想着让别人替自己干；对待朋友，只打自己的小算盘，从不考虑朋友的利益；对待丈夫，只想自己的舒服，从不想丈夫在外打拼的辛苦。她们以自我为中心，自私自利，自以为自己很聪明，别人都愚笨；有时损人利己，甚至损人不利己。这样，只会使人们讨厌她，远离她。她们妄图拥有整个世界，结果却输掉了一切本应属于自己的东西。所以，请自私的女人记住，自私也许会给你带来某些好处，但你失去的会更多。

幸福感言

自私的女人总是以为“损人利己”是天经地义的，却不知道天亦有道，到头来自己永远是“偷鸡不成反蚀一把米”的最佳典型。

3. 太单纯的女人易受骗

单纯是人性的弱点。一个单纯的女人，最易成为骗子的猎物，被其抓住自己的弱点，走向不幸的陷阱。

“我友，男，30岁，中等身材，诚实可靠，小学语文教师，月薪900元，县文联协会会员。因专于学业和工作，至今未婚，欲觅贤惠、善于持家的女人为伴（丧偶离异亦可），共创幸福生活。有意者可与××省××乡通讯组张某联系（婚后即可安排工作）。”

这是××××年5月，某杂志上的一则征婚启事。

××省××县，一个名叫王萍的姑娘见到这则征婚启事后便心动了：何不借此机会跳出这穷乡僻壤，到富饶丰足的地方去闯闯新世界？高考落榜，苦闷的她正徘徊在人生的十字路口。不知该走向何方，这则启事给了她希望。眼前这个征婚者，虽然年龄大了些，可教师的职业、文联协会会员的文学修养，还有“婚后即可安排工作”的诱惑，使她下了决心，于是她给张某写了封应征信。

没过多久，王萍收到了张某的回信：“我是一名记者，可以帮你写作，并帮你安个幸福的家。”

张某又接连写来几封热情洋溢的信，告诉王萍这里的经济条件很好，人均年收入 20000 元，并寄来一张“征婚人”在北京天安门前拍的彩照。

第二年 4 月，王萍又接到了张某的一封信，称他要来××省出差，顺便带她一同去见征婚人，并约好碰面地点和时间。

王萍怀着欢悦之情和对美好未来的憧憬，瞒着家人悄悄来到碰面地点。一见面，王萍诧异了：“怎么你就是照片上的征婚人？”

“是的，我就是征婚人。那是为了避免一些麻烦，我想你会理解的。不相信？请看我的记者证。”满脸堆笑的张某说着递过一个贴着照片的某杂志社记者证。

王萍看着记者证，相信了张某，在他的花言巧语诱惑下踏上了奔驰的列车。在中转地××车站，他们走进一个个体小旅店。张某亮出记者证和一张早就填好的“兹有张某夫妇到南方联系工作，请给予方便”的介绍信，上面盖有“××乡通讯报道组”的印章。“同志，我们两口子包个单间。”

“我……我们不……是……”王萍的脸顿时红了，不知如何是好。

“哈哈，还挺封建哩，两口子有什么不好意思的。”张某一面跟服务员搪塞着，一面把王萍推进了房间。房间门刚一插上，张某便恶狼般地向王萍扑去……

事后，王萍才得知，原来，张某早已结婚，还有两个孩子，这是精心设计的骗局！她的梦幻如肥皂泡般彻底破灭了。

王萍为什么会受骗呢？因为她轻易地相信了征婚广告上虚假动听的言辞，相信了一个假的记者证。她太单纯，根本就没有防

范的意识，见识也太少，就连骗子以夫妻的名义开单间时，她都没有拒绝，而只是表现得满脸通红、不知所措，由此吞下了难咽的苦果。

面对受害者，人们在同情之余，更多的是为她的无知而悲哀。她太单纯，太缺乏对社会的了解，认为生活总是阳光灿烂，社会上都是好人，轻易地付出自己的信任。若女人能多积累人生经验，加强防范意识，就会避免很多此类悲剧的发生。

幸福感言

社会是复杂的，人心并不全是善良的，盲目轻信，单纯处世的女人，最易摔跟头，甚至掉入陷阱。

4. 过于自我表现的女人易招人反感

过于表现自我的女人，就等于告诉别人自己比他们都优越，这很容易引起人们的反感，使自己的人际关系陷入糟糕的境地。

爱炫耀可能是女人的天性，特别是在外在的打扮上，一些白领丽人，总喜欢用名牌服饰来炫耀自己的品位，这样的女性很容易招来别人的反感。虽然穿衣服是一个人的自由，但若是太张扬太突出自己并因此而引人反感，就可能会影响到工作的进行。

现在的公司里，大部分工作是员工协同完成的，每个人的工作都需要别人的协助及合作，个人的单打独斗注定失败。如果你被众人孤立了，即使再有能力，也很难干出大的成绩。

不单是服装如此，诸如化妆及首饰佩戴，或是和同事一起用餐、点菜时也是如此。大家都戴普通的项链，而你戴着一挂镶着钻石的项链，并时常故意谈一些项链的话题，这让大家觉得你浅薄。大家都吃经济餐，你却偏偏要选最贵的菜，并且还挑一些菜的毛病，这样也很容易让大家讨厌你。和大家一起喝咖啡时你总是很招摇地说："大家别客气，今天我请客。"这样大家会有被轻视的感觉。

太过于表现自我是很难交到朋友的。建立良好的人际关系第一步还是不可以太过于标新立异，这种配合大家的生活态度也是一种生活的智慧。一个很会处世的女人，总是善于利用这种智慧，建立自己和谐的人际关系。

任何人都不喜欢别人表现得比自己优越。相反的，每个人都喜欢别人拍自己的马屁，但这些都必须适可而止。就像是送礼一样，送得太过于便宜，对方就会有被轻视的感觉：“什么嘛！简直是看不起我!”不但如此，还显得自己很寒酸。但若是勉强地买下昂贵的礼物，这对工薪阶层的人而言又太勉为其难了。风格过于特殊的人是最容易遭到社会责难的人，光是要忍受社会的责难就要花费很多的精力。所以，一个会做人的女人，决不会使自己太过于标新立异，把自己置于风口浪尖，从而遭到不必要的刁难和攻击。

幸福感言

没有人希望别人比自己强，这是一种很普遍的心理。如果一个女人总是爱过于自我表现，那众人就会枪打出头鸟，群起而攻之，给你制造很大的麻烦。

5. 女人热情过度是对别人的一种伤害

热情大方的女人总会受到人们的欢迎。但这种热情要有一个度，过分的热情会给人一种压力，甚至造成一种伤害。

林莉在一家规模很大的公司做市场推广工作。在一次上海春季交易会开幕时，市场部经理由于工作太忙无法脱身，公司决定派大家公认的主意多、沟通能力强的林莉参加，与她同行的还有王先生和李先生两位男同事，这两位同事比林莉年龄稍小，于是，林莉俨然以大姐自居。

一路上她表现得既热情主动、慷慨大方，又不失女性的细致与周到，处处照顾王、李两位先生，订票、订酒店、联系展位等等几乎都由她一手操办。而整个会展期间，林莉几乎没有挨过展台后备用的椅子，她时而用标准的普通话，时而用流利的英语不停地介绍自己公司的产品，迎进送出每一位进入展位的客人，陪客户们吃饭、聊天、打台球、玩保龄。交易会结束时，他们一行3人不仅拿到了上百万元的订单，还结识了一批实力雄厚的客户。两个月后，业绩斐然的林莉被破格提拔为营销企划主管。过了一段时间，林莉又要出差了，她想叫上次合作愉快的两位男同事一起去，他们却借故推托了。林莉这才觉察到自那回出差后，王先生和李先生碰见她，脸上就讪讪的。她很纳闷：我一向对自己要求很严格，又喜欢帮助别人，与人为善，什么时候得罪了这两位同事呢？

其实，林莉就是犯了太热情太积极的错误。社会学家霍曼斯的“社会交换理论”认为：任何人际关系，其本质上就是交换关系。只有这种人与人之间精神和物质的交换过程达到互惠平衡时，人际关系才能和谐，而且只有在互惠平衡的条件下，人际关系才能维持。林莉的潜意识里可能以为“我慷慨大方、乐于助人，他们应该感谢我、更接受我才是”。其实，她的热心反而会给对方带来精神压力，因为友情必然是在双方的共同努力，相互付出的条件下才能产生。还有，在工作中精明强干没错，但她应该注意不要让自己的光芒淹没了同事们，特别是自尊心强的男同事。

幸福感言

人际关系只有在互相付出的前提下才能保持平衡，过度的热情破坏了这种平衡，所以也就会使人际关系失去了应有的和谐。热情大方的女性，应特别注意这个交往的误区。

6. 女人说“不”的四种良方

生活中不可能没有拒绝，说“不”比说“是”更能体现出一个女人人际交往的素质。拒绝也有方法可循，只要掌握这些方法，就能既拒绝了对方，又不伤感情。

一般来说，拒绝有以下四种方法：

(1) 移花接木

当对方提出某种你不想做的事情，你可以偷换概念，移花接木，用别的事情去应付，从而巧妙地拒绝对方。一位钟表推销员，曾挨家挨户推销闹钟，他叩开了一位太太家的门，说：“夫人，您应该有个闹钟，每天早晨好叫您起床。”那位女主人回答说：“我看不要买闹钟，有我丈夫在身边就足够了，你大概不知道，他能到时就闹。”这位女主人的拒绝，既幽默风趣，又非常委婉，令推销员再也无法开口。

(2) 自言自语

有人总结出了一条拒绝他人要求的经验：人们碍于面子，推拒话不好正面说出口，如果装作自言自语说出心中所思所想，可令对方知趣而退。

某大商场收到一长期合作的供货商的样品，虽质量上乘，但款式却已过时，收下这批货，一定会滞销，成为商场负担，不收下吧，供货商又是老客户了，一直合作很愉快，并且有几次还帮过商场的忙，怎么办呢？

当天傍晚，商场经理刘洁请供货商吃晚饭，两人一边吃饭，一边望着窗外衣着时尚、袅袅而行的丽人款款走过，刘洁自言自语道："现在的女孩子，对衣着越来越讲究了，不但要质地好，而且要款式新潮，看那件印花镂空的连衣裙，既典雅又大方，一股时尚气息扑面而来……"听到这儿，供货商若有所悟，随后不好意思地说："多谢你的提示，我马上叫设计师修改花型，原来那批货我全部拿回。"如果经理直接回绝供货商，对方会觉得难以接受，就会伤了感情，可能会由此失去一个多年的合作伙伴，而她利用自言自语的方法，流露出内心思想，既使对方自己放弃，又不伤和气。

(3) 先扬后抑

单刀直入、开门见山式的拒绝，犹如当头一盆冷水，使人难堪；而先扬后抑，是一种避免正面表述，间接地主动出击的技巧。即首先顺着对方的思路走，当对方进入角色时，然后话锋一转，制造出"意外"的效果，让对方自动放弃过分的要求。

有一位歌迷抓住了一个机会，想求一位当红女歌星给她一张演唱会的票，歌星手中也没有票，但是她没有直接拒绝，因为直接拒绝太伤歌迷的面子。于是，她采用了先扬后抑的方法。她平静地答道："我非常想送您一张票，但非常遗憾，我手上一张票也没有。不过，在大厅里我有一个位置，如果您高兴……"歌迷非常兴奋地问道："那么，这个位置在哪里？"歌星答道："不难找——就在麦克风前。"

(4) 自我否定

了解对方的性格特点，试探对方的心理，然后发动心理攻势，引导对方自我否定，迫使对方不得不放弃不合理的请求，拒人于无形之中。

马芹与方丽华是少时同窗，二人很是喜欢古代清官的故事，电视剧一集不落，小说一本一本地看，如海瑞、包公的故事几乎能倒背如流。一次，马芹的弟弟涉嫌犯罪被收审，这桩案子恰好落在她昔日好友方丽华的手中。一天晚上，马芹前往法官方丽华家，希望她能念同窗情谊，在审判的时候手下留情。方丽华很是为难，一不能徇私枉法，二又不好得罪昔日同窗。她说：“马芹，我真怀念我们少年时意气风发的样子，特别喜欢你背诵‘包公铡陈世美’那一段。”马芹也很高兴，二人沉浸在过去的回忆之中。方丽华感慨地说：“记得我们当年立下誓言，以后谁做了官，一定要做一个为民请命的清官，我一直以此作为自己的座右铭呢。”马芹本已设计好了一大套说词，但听了方丽华这一席话，再也不好意思开口了。

幸福感言

拒绝是一门艺术，一个女人为人处世一定要灵活运用这门艺术，真正做到拒绝得法，既让对方知难而退，又不伤对方的面子。

7. 谈论自己得意的女人不明智

在失意者面前谈论你的得意，就如在别人的伤口上撒盐，这样的结果，只会让对方对你产生怨恨，不知不觉中给自己树了一个敌人，多么不值。

有一次，张丹凤约了几个朋友来家里吃饭，这些朋友彼此都很熟识。张丹凤把她们约来的目的主要是想借着热闹的气氛，让一位目前正陷入低谷的朋友心情好一点。

前不久，这位朋友做服装生意亏了本，丈夫也因此和她吵架，正与她闹离婚，内外交困，她已筋疲力尽，痛苦万分。

朋友都知道她目前的遭遇，大家都避免去谈可能引起她伤心的话题。可是，其中一位因为目前赚了很多钱，正是春风得意，谈着谈着就忘了场合，忍不住就开始谈她的赚钱本领和花钱功夫，那种得意的神情，使人很不舒服。张丹凤想制止，但怕反倒弄得更尴尬，心中十分着急。她的那位失意的朋友低头不语，脸色难看，一会儿就提前离开了。

她送那位失意的朋友出去，在巷口，那位失意的朋友说："梁丽真过分，她会赚钱也不必在我面前说嘛！"

张丹凤理解她的感受，因为她自己也失败过，也有过失意的时候，正风光的亲戚在她面前炫耀他的薪水、年终奖金，那种感受，就如同把钢针一支支插在心上一样，那种痛刻骨铭心。她当时对那位亲戚产生了极大的反感。

因此，请女性朋友们记住：与人相处，千万不要在失意者面前谈论你的得意！

如果你正春风得意，让你不谈论也不太近人情，哪一个意气风发的人不是如此？所以这也没什么好责怪的。但是谈论你的得意时要看场合和对象，你可以在演说的公开场合谈，对你的员工谈，享受他们投给你钦佩的目光，对你的亲人谈，让他们分享你的快乐。但就是不要对失意的人谈，因为失意的人最脆弱，也最多心，你的谈论在她听来都充满了讽刺与嘲弄的味道，让失意的人感受到你“看不起”她。

女人们聚在一起，最喜欢谈论自己的孩子、丈夫，若孩子学习好，或丈夫挣了大钱，升了官，她总会自豪地向别人炫耀一番。当你炫耀的时候，一定要当心，看看她们中有没有孩子考学刚落榜或丈夫做生意刚赔得一塌糊涂的女人，若有，请收敛你的炫耀。千万不要让别人抢白一顿，并让对方对你怀恨在心。这是一种深入到心底深处的对你不满的反击！你说得口沫横飞，不知不觉已在失意者心中埋下一颗怨恨的炸弹，多划不来啊！

幸福感言

在失意者面前夸耀你的得意是一种残忍，这种“失”与“得”的落差所产生的伤害，是刻骨铭心的。由这种小事而得罪人的女人最不明智。

8. 上司的情人做不得

在大多数时候，你与上司建立了情人关系，最终等待你的极可能是你在这家公司生涯的终结。

随着社会的发展，人们的爱情观、家庭观、道德价值取向都发生了很大的变化，“情人”一词人们谈论起来再也不遮遮掩掩了，且这种现象在社会上普遍存在。但有一种情人是坚决不能做的，那就是上司的情人，特别是有家室的上司。由于工作的便利，这种上下级之间的情人关系极易形成。但这种关系对你的伤害也最大。

能做上司或老板的人，一般都有其独特的一面，有能力，有魅力，再加上金钱和权力的关系，作为下属的女性极易受到引诱，感情由崇敬转向爱慕。但这种感情是非常不理智的，也不会有什么好结果。作为上司，在这种情况下大多数是逢场作戏，决不会由于情人而抛弃自己的家庭。

有一位台商在大陆某地投资建立了一家公司。在长期的工作中，与他的女秘书——一位大陆女子产生了感情，两个人坠入爱河。

台商已有家室，但女秘书不听朋友的劝告，一意孤行，坚持和台商保持情人关系。

时间一长，台商对她渐渐失去兴趣，同时为了顾及形象问题，他开始考虑终止这种关系。

他深知要想直接开口是很难办到的，于是采取了迂回的战术。

他先找个借口回到台湾，然后来电说辞去总经理一职由另一人担任。结果，这位新任上司在就职的第二天，便把女秘书给辞退了。女秘书欲哭无泪，打台商的手机，根本打不通，因为电话已停机。更不可能到台湾去找人，只好自食苦果。

一个月后，当秘书无望地离开后，台商从台湾回来，又重新当起总经理。

做上司的情人还有另外一种可能的结果，那就是你与上司的情人关系可能给你们俩都带来麻烦。

一位已婚部门经理与一位女下属保持着很好的情人关系，他们相见恨晚，情投意合，但是这对坠入情网的人显然看不见周围其他情况，所以他们对其他雇员对此的反应根本看不见。

不久，上级管理部门注意到了他的不检点给公司所带来的消极影响。这位经理被爱神丘比特之箭射中之日，正是他丧失经理职务之时。而那位女下属则被公司炒了鱿鱼。

由此可见，工作关系最好不要让男女之间的情爱关系取代。这种关系的转化对一个女人来说决非好事，极有可能是自己厄运的开始。

幸福感言

与上司建立情人关系，在大多数的情况下是对双方都没有好处的。这种被扭曲的工作关系是非常危险的，若一方已结婚，那这种关系无异于在玩火，最终火自焚。

9. 秘密少听少讲为妙

不要以为自己知道的秘密多是一种能耐，这有可能会转化为对你的不利。若管不住舌头把秘密讲出去，那一定会在对别人造成伤害的同时，成为你的不幸。

在现实生活中，总有那么一些女人，喜欢打听别人的秘密，喜欢乱嚼舌根，传播谣言。这是非常坏的毛病，也是很危险的，这种因知道秘密太多而倒霉的例子很多。因此，秘密还是少听少讲为妙。同时要注意以下三点：

(1) 捕风捉影的话少说

捉贼要赃，拿奸要双，这就要求我们说话办事要有真凭实据，如果我们向对方说的话，如风如影，纯属无稽之谈，那是很危险的，尤其是对一个人的隐私更是不可在私下信口开河，胡编乱造。如你说，某男与某女 (均有家室) 在街道的树荫下拥抱亲吻，那情景真比演电影还卖力。若被听者传出，当事人绝对会恨你骂你，伺机报复你，甚至当面计较、对抗，要你说出个所以然来。你怎么说呢？你当时又没有摄像，又没有录音，怎么能够证明某男与某女曾有这种热烈的表演呢？只有自讨苦吃！不赔礼道歉能行么？可见，这种捕风捉影的话，是万万说不得的。

(2) 违纪泄密的话绝不能说

不管是一个单位或国家，在一定时期、一定范围内都有秘密，我们作为其中的一员，都有义务守口如瓶，不可泄露。有些女人管不住自己的嘴，且法纪意识淡薄，就私下把机密泄露出去了，弄得一传十，十传百，家喻户晓，有些心术不正的人如获至宝，拿去作为谋利的敲门砖，给单位乃至国家造成严重损失。即使诸如涉及人事变动的内部新闻，你也不要去向有关的人说悄悄话，万一中途有变，你如何去安抚别人呢？如果为此而闹出了矛盾谁负责呢？向亲友泄密，既是害人也是害己。泄露机密，必会招致损失，若被查出，能有好结果吗？所以，还是管住嘴巴，守口如瓶为好。

(3) 不要与比你强大的人分享秘密

你也许觉得你们可以分桃而食，但实际上你也许什么也分不到，甚至枉送了性命。许多人因为分享了别人的秘密而不得善终。他们就像面包皮做的汤匙，很快就与汤走向了同样的下场。听一位领导倾吐秘密并不是什么特权而是一种负担。许多人打碎镜子，是因为镜子让他们看到了自己的丑陋。他们不能忍受那些见过他们丑相的人。假如你看到了某人不光彩的一面，别人看你的目光绝不会友善。朋友间互吐心事是世界上最危险的事情，把自己的秘密讲给他人听的人将自己变成了奴隶。这是比你强大的人所无法容忍的事情，为了找回失去的自由，他们会不惜一切代价。所以，还是做一个少听少讲秘密的女人为妙。

幸福感言

讲秘密会陷你于不利，而听秘密同样也不安全。许多女人因为分享了别人的秘密而倒了大霉。一个聪明的女人，绝对会注意这一点：秘密，听不得，讲不得。

10. 聪明的女人深知赞美之妙

真诚的赞美有一股神奇的力量，它能让人获得自信，产生奋起的动力。聪明的女人深知这一点，她总能用赞美给男人带来好运，使自己获得尊敬。

有一次，一位编辑去他家附近的一家自行车修理铺给儿子的自行车打气。由于儿子长得较高，自行车座也调得很高，对于个子小，腿又短的编辑而言，骑这样的自行车很困难。于是他自己动手，用店里的扳手将车座尽量地降了又降，直到他的脚可以够到地面为止。

当编辑付完钱，正欲离去时，修理铺的老板娘突然盯着车座对他说：

“车座调得这么低，一定很不好骑吧！来，我帮你调高一些。”

“不！我的腿短，调高一些就够不到地了。”编辑急忙拒绝。

“没那回事！让我来！”

“不。我的腿真的很短。”

她看了看编辑的腿，说：

“这是什么话！你的腿并不短呀。”

“真的！我从小就因为腿短，而受同学嘲笑。”

“以你的身高，你的腿应该算是长的了。来，调高它！”

她说完，立即动手调高了车座，毫无商量的余地。

这太令编辑吃惊了，他仍然抗拒着说：

“不！你看……我的腿……”

这时，她竟然以极其认真的表情注视编辑的腿，并且坚定地说：

“我认为你的腿确实不短。”

编辑算是服了她，只好不再反对。

调高车座的自行车，骑来虽然困难，但编辑努力一点，也骑得很棒。

编辑说：“看我这般吃力地骑那辆车，也许有人会讥笑我，认为我何必为了虚荣心，而去勉强自己呢？但是，奇怪的是，我当时的心情不知为什么，竟豁然开朗起来，甚至有莫名的兴奋。”

杜鹏是一家上市公司的老总，已经四十多岁了，有一次与几个朋友去酒吧消遣，当时朋友带来一个年轻的女孩子作陪。在闲聊中，女孩问杜鹏：“先生，请问您多大年龄了？”

杜鹏并不回答，而对她说：“你猜我有多大？”

她沉吟一下，居然以十分认真的口气猜杜鹏的年龄在二十七八岁左右。杜鹏虽是上市公司的老总，但现在上市公司这么多，所以在社会上他没有多少知名度，可以确信这个女孩不可能认识他，她没有必要如此讨好他，况且，这样的奉承实在太离谱。如果她猜三十七八岁，较接近事实，听者或许尚能接受。

在座的其他人听女孩这样说，都大笑起来。

“怎么会呢？请你看看他的头吧！”

朋友指着杜鹏的秃头，仍然大笑不止。

“可是年轻人中也有秃头的啊！”

“哎！小姐，他这秃头啊！乃是年龄所致！”

“不过，我怎么看都觉得他不过二十七八岁，是不是实际年龄稍大一点？”

“不只稍大一点，我已经四十多岁了。”

始终微笑不语的杜鹏，终于开口说话解了她的疑惑。

“有那么大吗？看起来真的像二十七八岁。”

那个女孩看起来一脸的认真。

杜鹏说：“每当想起那一天的情形，我就觉得有一股不可思议的力量，令我全身舒畅。她那种正视着我的眼睛，以执著而认真的表情称赞我的态度，即使是一听就能听出的假话，也让人不得不接受她的这种赞美。”

是的，能如此真心诚意称赞男人的女人，一定会为男人带来好运。以前面的那个例子来说，经过自行车修理铺老板娘的一再“肯定”，那位编辑似乎觉得自己的腿真的变长了，甚至获得一种快乐，一种自信。这就是能使男人在意想不到之处，产生自信的奇妙力量。而这与心怀不轨的刻意奉承，又有根本上的差异，也就是说，唯有真心的赞美，才能令人动容，才能产生力量。

幸福感言

赞美如一粒种子，会在人心里长出自信的大树。而一个懂得赞美的女人就是一位辛勤撒播这粒种子的天使。

11. 留一点无关紧要的毛病让上司挑

细心认真，做事尽善尽美、无可挑剔是女人的优点。但有时未必是好事，那些故意露出一些无关紧要的小破绽让上司挑的女人，也许更聪明，更能得到上司的青睐。

邢慧敏和柳洁是大学同班同学，毕业后又应聘到同一公司同一部门工作。每当邢慧敏向领导请示汇报工作时，总是面面俱到，生怕叫领导看出问题，挑出毛病。而柳洁却有的时候出一些小错误，且经常会让上司发现，因此导致上司对其进行一番具体评判指导。同一项工作，邢慧敏总是想方设法自己去独立完成，而部门的其他人总是非常愿意帮助柳洁，甚至上司也经常地对柳洁的工作予以指点。邢慧敏与柳洁大学相处 4 年，对她非常了解。在邢慧敏的印象中，柳洁是一个非常细心的人，而且具有很强的独立完成工作的能力，真没想到一参加工作反而不如以前了。同事们非常喜欢和柳洁交往，上司似乎并不因为柳洁的粗心大意而不满，而且有什么问题还特别愿意找柳洁商量，至于对待邢慧敏总是不冷不热。一来二去，柳洁在部门的地位不知不觉地有了提升，大有未来主管的趋势。而邢慧敏呢，虽然工作依旧十分努力，却总是无法得到上司的青睐，邢慧敏对此十分困惑，因此陷入了深深的苦恼之中。

在现实生活中，每个人都认为自己很优秀，而一个绝对可以赢得他人欢心的方法就是以不着痕迹的方法让对方明白，他是个重要人物。因此你要千方百计地让他表现出他引以为荣的方面。在上司的意识中，自然会觉得自己要比下属能干，所以通过对下属的工作指导等来证明这一点。下属某些方面的错误，在上司看来是再正常不过的事了，因此他也十分愿意对下属指点一二，既展示了他的才能，又树立了他的威信。如果没有机会表现，对于他来说，无疑是一件苦恼的事。

邢慧敏想把每一件工作做得尽善尽美，不让上司挑出一点“毛病”，主观上是好的，但客观上却没有给上司留下“发挥”的余地。此举可能使上司产生这样的想法：你总是比我高明。这种想法会使上司产生一种危机感，他就会想方设法证明自己比下属高明。虽然未必会给她穿“小鞋”，但不可否认的是，他决不会提拔和重用她的。

而柳洁则深知其中奥秘，在上司面前总是有意识地显得有些不成熟，从而引得上司对其工作评头论足。而上司也由此充分展示了自己的能力，显示了比下属的高明之处。从中找到了“感觉”，自然也就愿意对柳洁的工作加以关照。因此，柳洁受到上司重视也就是必然的。

上司之于下属，既掌握着权力，又需要有威信。为了巩固权力，则需要不断地树立威信，而作为下属且有心计的女人要心领神会，适当地露出一些破绽加以“配合”。既满足了上司的愿望，同时也能从中将上司的长处学到手，一举两得，何乐而不为？

善良纯真的女人最能赢得人们的爱怜。而社会的复杂性，决定了一个有心计的女人更易获得成功。

幸福感言

任何事情都有一个度，运用此法也一样，不要太过分，超过一定的限度。“破绽”过大、过多或过频则会给上司以能力太差的感觉，得不偿失。

12. 滥充好人的女人麻烦多

一个真正乐于助人的女人，她不是盲目的，她懂得一点：要帮助值得帮助的人，而且是在他们应该得到协助时才施予援手。

有位女士给专栏作家兰德丝写信，向她请教该如何应付老是向她借东西却从不归还的婆婆。这位体谅别人的女士总是对婆婆的得寸进尺保持沉默，因为她不想破坏这种良好的婆媳关系，何况她婆婆在她嘴里仍是个“好人”。兰德丝给她提供了一个得体的建议：“除非你挺直腰杆拿出勇气解决这问题，否则一辈子都要面对它。”

许多女人的情况也和这位女士类似，她们渴望在别人心中留下好印象，以至于表现得过度仁慈，宁可增加自己的情绪困扰，也不去伤害别人的感觉。有些女人担心受到排斥，所以常常对别人有求必应。其实，她们不知道，偶尔的拒绝，也许能彻底改善自己这种被动的处境。

经常渴望帮助别人的心理，有时会转化成希望讨好大家的心态。这种倾向往往起源于自卑，而且可能招致严重的后果。英国演员钱德勒说：“喜欢充当好人比酗酒更会扰乱生活，许多心地善良的人说什么就是不敢拒绝别人的要求，他们总是担心别人，经常调整自己的行为去迁就别人，却从来不做自己想做的事。”

由于女人善良的天性，时常会掉进这种陷阱。偶尔宽待他人固然无可厚非，但若经常这样，别人就会老是期望你这么对待他们。你对别人越好，他们越是得寸进尺，所以有时还是得拒绝再给别人任何好处，直到他们懂得报答为止。

为了讨好别人而在应该拒绝对方请求时答应效劳，这样的女人，只会给自己制造痛苦。如果你是个什么也不在乎的女人，别人就会想方设法地占你的便宜，看看能从你身上榨取多少好处。不要因为对方是你的朋友，就觉得你有义务答应她的请求。应该斩钉截铁地告诉对方，你可不是为了伺候他们而存在的。

清清楚楚说出是否答应他人的请求，可让对方了解你的个性与立场。不要为了迁就别人假装同意他们的要求，满足他人的欲望，这样不但浪费自己的时间、体力和金钱，也会牺牲个人的快乐与健康，最后还会为了答应那项要求痛恨自己和别人。

作为一个女人，不要强迫自己善待大家，如果你这么想，就会拼命为别人付出，却忽略了自己，那么你的生活就会受到很大影响，你会活得很累，其实这不是你应尽的义务。

要帮助值得帮助的人，而且是在他们应该得到协助时才伸出援手。这样，你才会是一个活得非常充实愉快的女人。而且也不会让别人养成随便依赖人的坏习惯。

幸福感言

做好人，但不滥充好人。你可以做一个乐善好施的好女人，但不必做一个有求必应，完全牺牲自己反而让别人养成得寸进尺、贪得无厌的坏习惯的好女人。

13. 多留余地路好走

一帆风顺的女人极少，大多数会或多或少遇到困境。怎样渡过困境，就要看你在平日的所作所为了。所以，遇事多留余地，就显得很有必要。

《红楼梦》中的大观园，虽然显得富丽堂皇、景色优美，但生活在其中的人却个个心有委屈，惶惶度日，不得不有一些特别的心计。就拿平儿来说，虽然她是一个极聪明极清俊的好女孩儿，但是却落到了贾琏、王熙凤手里，一个俗得要命，一个心狠手辣，而且夹在两人中间，左右难得做人，经常无故受到伤害。这一点就连宝玉都时常感念，叹她并无父母兄弟姊妹，独自一人应付贾琏之俗、凤姐之威，竟能周全妥帖，真是非常难得。

活着让人感念，这在大观园里本身就是一种成功。况且平儿活在权力争斗的中心，时常与心狠手辣的凤姐为伍，不为虎作伥也得装腔作势几声，若是无自知之明者，狐假虎威，仗势欺人，也能在大观园里做个盛气凌人的“二奶”，一时半会儿摆摆架子，抖抖威风。但是，若这样，平儿也就不是让人们时常感念的那个

女孩了，而她的最后下场也必定比王熙凤更惨，一旦失势遭人指骂还算运气，说不定会弄得个人不人鬼不鬼的结局。

其实，平儿有点像“暴君”手下“二把手”的角色，在王熙凤掌管大观园生死大权的日子里，平儿的地位既优越又尴尬。说优越，她是贾琏的爱妾，凤姐儿的心腹，里里外外，谁敢不对她畏怕三分？要说尴尬，自然是够尴尬的了，除了二位主子的不得人心之外，她自个儿并无威势，身不由已，不能不做一些违心的事，说一些违心的话。在这种情况下，关键就看平儿如何在委曲求全中把握自己，在忍辱负重中照顾他人了。虽然不能在人生的一时一地争强好胜，但愿能在审时度势时保全自己。平儿做到了这一点。

平儿除了做事不流于俗蠢之外，还有自知之明和知人之明。就后者来说，她明白贾琏夫妇的为人，更明白众人对他们，尤其对王熙凤的憎恶之情。所以，她在处事为人方面一直为自己留余地留后路，绝没有犯凤姐所说的“心里眼里只有了我，一概没有别人”的错误，更不像凤姐那样把事做绝。处在如此险恶尴尬的境地，如果说平儿的让人感念有什么诀窍的话，那么此处便是。她对凤姐得顺着脾气摸，让凤姐信任她，但是对于众人决不依仗权势，趁火打劫，而是时常私下进行安抚，加以保护，一方面缓和化解众人与凤姐儿的矛盾，另一方面做了好人，为自己留了余地和退路。例如在第三十九回中，正值众姐儿坐着吃酒，平儿喝了一口就要走，原本是怕凤姐不开心，但是在李纨出口就是“偏不许去，显见得只有凤丫头，就不听我的话了”的情况下，又正碰上婆子来传凤姐的话，要平儿早回少喝酒，平儿就显得毫不含糊，即口应付：“多喝了又把我怎么样？”坐下来只管喝只管吃，顺应了众姐妹的意思，并非眼里心里只有“楚霸王”式的凤丫头（李纨语）。再例如在很多情况下，平儿在处理一些事情时，就比凤姐儿宽容得多，能放一马就放一马，结果在下下上上赢得了人心。李氏曾对平儿说道：“有个凤丫头，就有个你。你就是你奶奶的一把总钥匙。”却不知平儿待人接物倒有一把自己特殊的钥匙。

平儿多留余地的处世方式终得回报。凤姐死后，大观园虽一片败落，但平儿却多次获得众人帮助而渡过难关。

幸福感言

一个聪明的女人，绝不会堵死自己的后路，使自己的生命之舟没有掉头的余地，眼睁睁看着它驶向灭亡。

14. 武则天——智谋和做人的完美结合成就了一代女皇

一个女人的成功，其实就是做人的成功。她们用高超的智慧，高明的为人处世艺术，把自己的人生推向辉煌的极致。

中国唯一的女皇武则天，一个弱女子在当时那种社会环境中，竟能登上中国最高的权力宝座，堪称奇迹。这和她无与伦比的智谋及高超的做人艺术是分不开的。

武则天做大周皇帝时，狄仁杰和娄师德同时担任宰相。但狄仁杰总是想方设法排挤娄师德，两人面和心不和。自己倚重的两个大臣不和，这极可能危害到社稷安全，武则天心里虽有些担忧，但她不动声色，暗觅调解两人关系的良机。

有一天，武则天召见狄仁杰，在议完朝事之后突然问他："我信任并提拔你，你可知道其中原因？"

狄仁杰答道："我凭文才和品德受朝廷重用，不是平庸之辈，更不靠别人来成就自己的事业。"

武则天沉思了一会儿，对狄仁杰说道：“其实，我原来并不了解你的情况，你之所以有今天，之所以会得到朝廷的厚遇，全靠娄师德的推荐呀!”

随后，武则天命令侍卫取出一个竹箱，找出约十件关于娄师德推荐狄仁杰的奏本，赐给了狄仁杰。

狄仁杰仔细地看完奏本，不由得满脸惭愧。多年来，自己一直在想方设法排斥娄师德，甚至想把他赶出京城，没想到他却一直在皇上面前举荐自己。

想到这里，狄仁杰连忙跪倒在地，惶恐地向武则天承认自己有罪。武则天并没有责备他，而是原谅了他。此后，狄仁杰抛弃了对娄师德的成见，二人共同辅佐武则天，将朝政治理得井井有条。武则天不动声色，只轻描淡写的一招便化解了狄仁杰与娄师德的恩怨，足见她驾驭臣子的高超智谋和做人艺术。

武则天的智慧和做人艺术 还体现在她善于利用柔弱的女性气质去打败男性对手。

武则天年轻时曾被贬到感业寺削发为尼。太宗的儿子李治，也就是唐高宗，一次去感业寺，武则天便抓住机遇，百般在李治面前表现女人的温柔、美丽，令李治心驰神往。李治继位后，便以进香为名急急忙忙地前往感业寺，去看想念已久的武则天。

进香完毕，当武则天奉诏来到李治面前的时候，李治不禁大吃一惊。他看到，武则天依然娉娉婷婷，姿色不减当年，但眉宇间却隐藏着无限惆怅。武则天见李治已动容伤神，就更加表现女性的柔弱，她行礼过后，半晌无言，只是默默流泪。李治心软，往昔的旧情，今日的重逢，使他顿增对武则天的怜爱。他亲手为武则天拭去脸上的泪水，安慰说：“朕未尝一日忘情，只因丧服未满，不便传诏。今日到此，便是为了重叙旧情。”

武则天一看李治已动情，便抓住机遇情深意笃地向李治述说了别后的情思，倾诉了她的思念、痛苦和愁闷。她虽没有乞请皇上传诏，但那感人的话语深深地打动了高宗李治的心。他向武则天表示一定争取尽速传旨，召她回宫。

不久，武则天便被李治召回皇宫。从此，她在自己精心设计的征途上，一步步走向人生的最高峰。

幸福感言

先做人，后做事。一个幸福快乐的女人，一个功成名就的女人，都是懂得做人艺术的女人。